KB025561

생태농법으로
텃밭
가꾸기

Miura Nobuaki Gatten Nouhou

© Nobuaki Miura 2017

All rights reserved.

First published in Japan 2017 by Gakken Plus Co., Ltd., Tokyo

Korean translation rights arranged with Gakken Plus Co., Ltd.

through EntersKorea Co., Ltd.

이 책의 한국어판 저작권은 (주)엔터스코리아를 통해 저작권자와 독점 계약한

도서출판 북스힐에 있습니다.

저작권법에 의하여 한국 내에서 보호를 받는 저작물이므로 무단전재와 무단복제를 금합니다.

생태농법으로

텃 밭 가꾸기

미우라 노부아키 감수 · 노경아 옮김

서문

생태농법의 목표는 농약과 화학 비료가 아닌 자연의 선순환을 통해 밭에서 맛있는 채소를 키워 내는 것입니다.

저는 현재 'MOA 자연농법 문화 사업단'의 자연농법 지도자로서 해외 및 일본 각지의 농가와 텃밭 애호가들에게 자연의 방식으로 채소 키우는 방법을 전파하고 있습니다. 이 책은 그동안의 강연과 강습에서 다루었던 노하우를 정리한 것입니다.

생태농법은 단순히 작물의 생산성을 올리기 위한 기술이 아닙니다. '채소가 행복하게 자라려면 사람이 무엇을 해야 할까, 그리고 무엇을 하지 말아야 할까'를 오랫동안 고민하며 밭에서 관찰과 실천을 거듭하는 과정에서 터득한 비법입니다.

이 책에는 '씨를 뿌리고 발로 밟으면 싹이 잘 튼다'라거나 '토마토 줄기를 45도 각도로 비스듬히 유인하면 효과적이다'라는 식의, 기존의 채소 재배 교과서에서 보기 힘든 정보가 많이 실려 있습니다.

실천해 보면 바로 확인할 수 있겠지만, 씨를 뿌린 뒤 흙을 발로 밟으면 발아율이 놀랄 만큼 높아지고 채소가 튼튼하게 자랍니다. 비스듬히 유인한 토마토 줄기에서는 감칠맛 나는 토마토가 열립니다.

생태농법은 한마디로, 채소가 싫어하는(싫어할 듯한) 일을 하지 않는 농법입니다. 또 채소와 공생하는 미생물이 싫어하는 일도 하지 않습니다. 그래서 농약도 화학 비료도 쓰지 않습니다. 생명으로 가득한 대자연을 마주하며, 순리에 맞는 방법을 통해 밭을 자연에 최대한 가까운 환경으로 만들고 채소가 행복하게 자라도록 하는 것이 생태농법의 최우선 과제입니다.

밭에 자연의 선순환을 만들어 내는 첫걸음은 1장에서 소개할 '생태농법식 이랑 만들기'입니다. 여기서부터 채소와의 동행이 시작됩니다. 환경을 먼저 갖춘 후 채소를 심으면 결과적으로 보기 좋을 뿐만 아니라 맛도 좋고 영양도 풍부한 채소를 얻게 됩니다. 사람 역시 이 채소를 먹으면 건강해질 것입니다.

　이 책은 텃밭에서 주로 재배되는 30종의 채소를 키우는 기술을 다루고 있습니다. 아울러 씨앗을 채취하는 요령도 소개했습니다. 씨에서 싹을 틔우고, 자라나서 시들고, 또다시 씨앗을 남기는 채소의 일생을 자신의 텃밭에서 꼭 지켜보기 바랍니다.

　채소를 단순한 작물로 받아들이지 않고 하나의 생명으로 받아들이다 보면 채소의 생장은 물론 흙 속 미생물의 삶, 밭에 모여드는 생물의 노력에 대해 한없는 신비로움을 느끼게 됩니다. 그리고 밭에도 자연의 조화, 생명의 사슬이 존재한다는 사실을 곧바로 깨닫습니다. 자연을 경외하고 흙을 사랑하는 사람에게는 채소 재배가 훨씬 즐겁게 다가올 것입니다.

　이 책을 선택해 주셔서 감사합니다. 이렇게 여러분과 인연을 맺게 된 것은 제가 자연농법을 접한 이후 자연농법의 선구자인 오카다 시게요시(岡田茂吉) 선생님, 후쿠오카 마사노부(福岡正信) 선생님께 가르침을 받았던 덕분입니다. 지금 돌아보면 감사한 마음뿐입니다.

　자연농법 지도자가 되어 강습과 강연을 되풀이하다 보니 모두 누가 먼저랄 것도 없이 제 방식을 '납득'*해주셨습니다. 이 책에서 제가 소개하는 방식대로 채소를 재배하면서 '오, 납득이 가네!'라고 생각해 주신다면 더없이 행복하겠습니다.

　밭에서 채소를 관찰하며 하나하나 배우고 발견하는 기쁨을 누리는 데 이 책이 도움이 되었으면 좋겠습니다. 여러분과 채소의 이야기도 꼭 만들어 보시기 바랍니다. 여러분의 텃밭에 결실이 가득하기를 기원합니다.

◆ 자연과 인간 모두에게 이로운 미우라 노부아키만의 농법을 보다 많은 분들께 전달하고자 일본에서 부르던 '납득농법'을 '생태농법'으로 바꿔 옮겼습니다. ─ 편집자

2017년 봄
미우라 노부아키

차례

● 서문 4

제1장 / 채소가 좋아하는 흙과 밭 만들기

01 '이상적인 흙'이란 어떤 흙일까? 10
02 생태농법식 이랑 만들기 21
03 밭 만들기의 원칙과 실천 30
04 이랑을 이용하고 관리하는 법 38

제2장 / 채소를 건강하게 키우기 위해 알아야 할 원칙

01 제철 채소 키우기 50
02 채소 심기와 씨 뿌리기의 비결 54

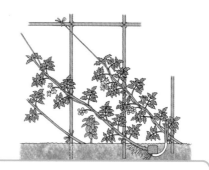

제3장	생태농법식 채소 재배법

01 방울토마토 68 **02** 가지 75 **03** 피망 82 **04** 오이 86

05 땅 오이 93 **06** 호박 98 **07** 수박 102 **08** 주키니 107

09 오크라 109 **10** 고구마 113 **11** 토란 118 **12** 땅콩 122

13 가을 옥수수 124 **14** 가을 풋콩 129 **15** 덩굴강낭콩 133

16 가을 감자 136 **17** 여름 당근 142 **18** 배추 148

19 양배추, 브로콜리 154 **20** 양상추 160 **21** 무 164

22 시금치 169 **23** 소송채, 순무, 경수채 173 **24** 파 177

25 누에콩 181 **26** 완두콩 184 **27** 마늘 187 **28** 양파 190

29 염교, 샬롯 192 **30** 딸기 194

● 밭의 생물 활성도를 높이는 발효 부엽토 만들기 ⋯⋯⋯⋯⋯⋯⋯⋯ 197

● 씨를 직접 받아서 심어 보자 ⋯⋯⋯⋯⋯⋯⋯⋯⋯⋯⋯⋯⋯ 200

제4장	텃밭에 쓸 모종 만들기

01 직접 씨를 뿌려 모종 만들기
미니 이랑에서 모종을 키우는 최고의 방법 ⋯⋯⋯⋯⋯⋯⋯⋯⋯ 208

02 화분에 씨 뿌려 키우기
앞마당이나 베란다에서도 쉽게 모종을 키우는 법 ⋯⋯⋯⋯⋯⋯⋯ 215

03 육묘 흙(상토) 만들기   발효 부엽토와 밭 흙을 섞는다 ⋯⋯⋯ 223

● 채소 재배 일람표 ⋯⋯⋯⋯⋯⋯⋯⋯⋯⋯⋯⋯⋯⋯⋯⋯ 226

| 일러두기 |

1. 빛, 온도, 수분, 토양은 식물이 자라는 데 아주 중요한 요소입니다.
   어느 하나 덜 중요한 것이 없지만 생태농법에서 가장 중요하게 당부하는 요소는 토양입니다.

2. 모든 거름은 숙성된 것을 사용합니다. 퇴비가 썩으면 열을 발생시켜 발아를 해칩니다.

3. 파종 시기 및 재배 일정은 지역에 따라 편차가 있습니다.
   잇따른 기후 변화로 인해 부모님 세대가 체득했던 정보도 확인이 필요합니다.
   해당 지자체 농업 기술 센터 홈페이지, 유튜브 등 인터넷을 통해 최신 정보를 확인하고
   현재 농사를 짓고 있는 이웃에 조언을 구하길 바랍니다.

4. 옮긴이가 독자의 이해를 돕기 위해 첨언한 부분은 각주(*)를 사용해 표시했습니다.

제1장

채소가 좋아하는
흙과 밭 만들기

떼알 구조*를 만드는 것은?

토양 미생물과 채소 뿌리가 만들어 내는 기적의 흙

아래 사진은 생태농법식으로 토질을 개선한 지 2년 된 밭에서 파낸 겉 흙입니다.

　잘 보면 흙덩어리 안에 크고 작은 알갱이가 섞여 있습니다. 작은 구멍이 무수히 뚫려 있으며 식물 뿌리 같은 것도 많습니다. 구멍이 많아서 가벼운 것도 특징입니다. 이것이 ‘떼알 구조’가 발달된 이상적인

떼알 구조의 흙

토양 미생물이 채소 뿌리나 풀뿌리 등 유기물을 먹고 증식하면 땅이 떼알화하기 시작합니다. 떼알 구조는 생물의 활동으로 만들어집니다.

◆ 개개의 흙 알갱이가 모여 덩어리로 토양이 구성된 상태를 말한다. 토양이 부드럽고 물과 공기가 잘 통하며 미생물 번식이 왕성해 식물의 성장에 적합한 구조로, 한자로는 ‘단립(團粒) 구조’라고 한다. 반대로 토양 사이의 공간이 작아 공기나 물이 잘 통하지 않고 식물의 생육에 부정적인 영향을 미치는 구조는 ‘단립(單粒) 구조’다. 이처럼 두 용어의 발음이 같아서 혼동이 일어나기 쉬우므로 ‘단립’을 ‘입단’으로 바꾸어 말하는 경우가 많다. 그러나 이 책에서는 혼동을 피할 뿐만 아니라 용어의 의미를 좀 더 효과적으로 전달하기 위해 ‘떼알 구조’와 ‘홑알 구조’라는 우리말 용어를 사용하였다.

흙입니다.

　작은 모래알과 유기물(식물과 동물의 잔해)이 서로 들러붙어 이같이 크고 작은 알갱이를 형성합니다. 토양 미생물과 식물 뿌리가 배출하는 점액은 접착제 역할을 합니다. 거기에 지렁이가 지나가고 식물 뿌리가 뻗어 나가면 무수한 구멍이 생깁니다.

　하나하나의 알갱이 속에도 미세한 구멍이 가득합니다. 그 속에는 다양한 토양 미생물이 서식하고 있습니다. 미생물이 제 살 집을 스스로 만들어 내는 셈입니다.

　떼알 구조의 흙은 배수성과 보수성이 좋은 것이 가장 큰 장점입니다. 다시 말해 떼알 구조의 흙은 상반되는 두 가지 장점을 겸비한 기적의 흙이라고 할 수 있습니다. 크고 작은 흙 알갱이가 물을 저장하고 필요 없는 물을 틈새로 배출합니다. 공기도 듬뿍 머금고 있어서 채소 뿌리가 쉽게 뻗어 나갈 수 있습니다.

　생태농법의 목표는 이런 떼알 구조의 흙을 단기간에 만드는 것입니다. 이때 흙을 만드는 주체는 토양 미생물이고 사람은 그 일을 도울 뿐입니다.

흙덩어리를 손에 꽉 쥐면 동글동글한 모양의 크고 작은 덩어리로 부서집니다. 모래처럼 작은 알갱이로 부서지지 않습니다.

물을 잘 저장하는 동시에 잘 내보내기도 하는 떼알 구조의 흙

물을 잘 저장한다(보수성)
비가 내리면 떼알 속 미세한 틈새에 물이 저장되고, 그 물을 채소 뿌리가 흡수
합니다. 보수성은 떼알 구조의 가장 큰 특징입니다.

물이 잘 빠진다(배수성)
비가 내리면 떼알 사이사이의 큰 틈새로 필요 없는 물이 흘러내립니다.
그래서 배수가 잘됩니다.

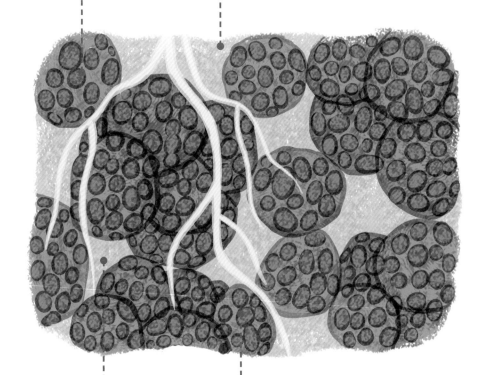

양분을 잘 저장한다
떼알이 양분을 단단히 붙들고 있어서 비가 내려도 양분이 쓸려 가
지 않습니다. 떼알 속에 사는 무수한 미생물의 사체는 분해 후 양분
이 됩니다.

공기를 잘 끌어들인다
틈새에 공기가 들어 있어 식물의 뿌리에 산소가 충분히 공급됩니다. 또 필요 없는 물
이 밑으로 빠져나갈 때마다 땅 위의 신선한 공기가 빨려 듭니다.

흙 속에 사는 다양한 분해자들(극히 일부)

비옥한 흙 속에는 다양한 생물이 활동한다!

박테리아류
종류가 방대하지만 극히 일부를 제외하고는 무슨 일을 하는지 아직 밝혀지지 않았습니다.

방사균류
곰팡이 등 유기물을 분해합니다. 많은 방사균이 항생 물질을 만들어 내어 병원균을 억제합니다.

사상균류
지구상에는 10만 종 이상의 곰팡이가 존재합니다. 그중 극히 일부만이 채소를 병들게 하는 것으로 알려져 있습니다.

선충류
10mm 이하의 토양 동물입니다. 채소의 뿌리에 기생하는 것은 다양한 종류 중 극히 일부입니다.

애지렁이류
(Enchytraeidae) *
10cm 이하의 작은 지렁이입니다. 유기물을 먹어서 분해합니다.

원충류
이곳저곳 돌아다니며 유기물을 잡아먹고 분해하는 단세포 원생동물입니다. 짚신벌레, 유글레나 등이 있습니다.

조류
조류가 물속에만 산다고 생각하기 쉽지만, 땅속에 사는 조류도 많습니다. 어떤 조류는 공기 중의 질소를 땅속으로 끌어들이기도 합니다.

날개응애류
(Oribatid mites)
0.2~1.5mm의 식충성 토양 동물입니다. 흙 속에 가장 많이 존재하는 토양 동물로, 낙엽 등을 먹어서 분해합니다.

톡토기류
10mm 이하의 토양 동물로 곰팡이, 조류 등을 먹어서 분해합니다. 물질 순환에 매우 중대한 역할을 담당하여 '땅의 플랑크톤'이라고 불립니다.

진드기류
1mm 이하의 토양 동물로 흙 속에는 다양한 종류의 포식성 진드기, 기생성 진드기가 살고 있습니다.

뚱보지렁이
(Megascolecidae)
20cm 이하의 지렁이입니다. 부식질**이 포함된 흙을 먹고 배설합니다. 흙을 갈아 떼알화하므로 '살아 있는 트랙터'로 불립니다.

◆ 환선충, 잎선충이라고도 한다.
◆◆ 흙 속에서 식물이 썩으면서 만들어지는 유기 혼합물.

밭의 흙을 파 보면

채소 뿌리가 빽빽!

밭의 흙을 파서 경수채*의 뿌리를 관찰해 봅시다. 아래를 향해 자라는 곧은뿌리(직근)와 흙의 표층에 빽빽하게 나 있는 실뿌리(모세근)가 보입니다.

밑으로 똑바로 뻗은 곧은뿌리는 물을 빨아들이기 위한 뿌리인 흡수 뿌리(흡수근)와 바람에 쓰러지지 않기 위한 버팀뿌리(지지근)로 나뉩니다.

표층에 퍼진 실뿌리는 양분을 빨아들이기 위한 흡수 뿌리입니다. 채소에 따라 얕은 뿌리(천근)와 깊은 뿌리(심근)로 유형이 나뉘지만, 기본 구조는 같습니다.

흙의 표층에서는 어떤 일이 일어나고 있을까요?

채소는 흙의 표층에 수많은 뿌리를 뻗으며 유기산을 배출합니다. 그러면 토양 미생물이 뿌리 주변에 모여들어 양분 교환을 시작합니다. 채소도 이때 뿌리로 양분을 흡수합니다.

바람이 잘 통하고 적당한 수분이 포함된 떼알 구조의 흙에서는 채소 뿌리와 토양 미생물이 활발하게 양분을 교환합니다. 그러므로 표층 흙은 채소의 생육에 특히 중요합니다.

그렇다면 밑으로 똑바로 뻗은 흡수 뿌리와 버팀뿌리는 어떤 일을 할까요? 뿌리는 생각보다 힘이 강하여 단단한 흙을 뚫고 깊은 곳까지 뻗어 나갑니다. 하지만 물이 고여 있어 산소가 부족하거나 유기물이 썩어 있는 환경에서는 채소 뿌리가 깊이 자라지 못합니다. 이런 방해 요소가 없어서 뿌리가 깊이 뻗어 나갈 수 있는 흙이 이상적입니다.

그런데 도시 텃밭이나 농가의 밭에서 흙 만들기를 하다 보면 뜻밖의 문제에 맞닥뜨리게 됩니다. 18쪽에서 소개할 경반층**입니다.

* 십자화과의 새싹 채소로 물과 흙으로만 재배할 수 있어 경수채라고 한다. 일본에서는 교나 또는 미즈나라고 부른다. 잎과 줄기를 먹는 채소로 샐러드용으로 주로 사용된다.

** 트랙터나 경운기 등을 이용하여 동일한 깊이로 계속 밭을 갈 때, 장비의 압력 때문에 토지의 바닥부에 형성되는 굳은 토층. 하드팬(hardpan)이라고도 한다.

경수채의 밑동을 파 보았다

생태농법식 밭의 흙은 동글동글한 떼알로 이루어져 있습니다. 채소 뿌리는 아래를 향해 길고 튼튼하게 뻗어 나가고, 표층에는 덥수룩한 실뿌리가 빽빽하게 자랍니다. 이 모습을 기억해 두면 어떤 흙이 이상적인지 쉽게 떠올릴 수 있을 것입니다. 질소 비료를 많이 준 밭에서는 뿌리가 이렇게 발달하지 않습니다.

균근균˙ 네트워크로
넓은 범위에서 양분을 모은다

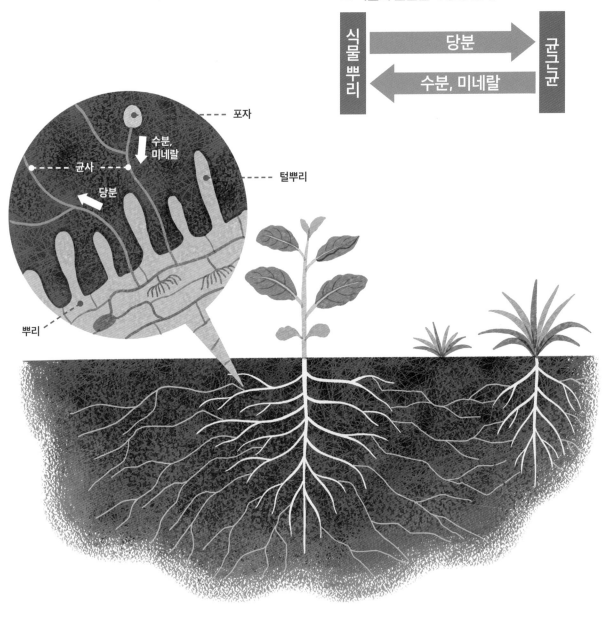

■ 식물과 균근균의 공생 관계

식물 뿌리 → 당분 → 균근균

식물 뿌리 ← 수분, 미네랄 ← 균근균

포자

수분, 미네랄

균사

당분

털뿌리

뿌리

다른 식물과 영양분 및 수분을
교환하는 네트워크

균근균은 균사˙˙를 다른 식물 뿌리까지 뻗어 네트워크를 형성하고 식물들 사이에서 필요한 양분과 수분을 중개합니다. 균사는 생각보다 멀리까지 뻗어 나갑니다. 그러나 비료를 뿌린 밭에서는 이런 균근균 네트워크가 형성되지 않습니다.

◆ 기생하는 식물과 함께 균근을 형성하여 공생 작용을 하는 사상균의 일종.
◆◆ 균류의 몸을 이루는 섬세한 실 모양의 세포.

생태농법식 밭의 채소는 흙에서 얻은 양분과 균근균 네트워크를 통해 얻은 양분으로 무럭무럭 자랍니다.

VA 균근균[*]이 활약하는 생태농법식 밭

자연의 산과 들에서는 식물 뿌리에 'VA 균근균'이 공생합니다.

식물은 광합성으로 얻은 당분을 VA 균근균에게 주고 수분과 미네랄을 받습니다. 그 덕분에 식물은 자신의 뿌리가 닿지 않는 곳의 양분과 수분까지 가져다 쓸 수 있습니다. 그러나 균근균은 흙을 갈고 화학 비료를 뿌리는 밭에서는 살지 않습니다. 양분이 풍부한 환경이므로 채소가 굳이 에너지를 써서 균근균을 뿌리에 공생시키려 하지 않기 때문입니다.

화학 비료를 되도록 주지 않고 VA 균근균의 힘을 최대한으로 이용하는 환경을 만드는 것이 생태농법의 목표입니다.

[*] vesicular arbuscular mycorrhize(VAM, VA 균근균). 인산이 부족한 토양에서 난용성 인산을 유효화시켜 작물의 생육을 돕는 균.

정말 맛있는 채소를 얻으려면

농기계로 갈아엎은 밭에 생기는 경반층이 채소의 생장을 방해한다

밭 흙을 10~40cm 정도 파 내려가면 딱딱한 지층이 나타납니다. 대부분의 밭이 그럴 것입니다.

트랙터나 경운기로 흙을 계속 갈아서 경반층이 생긴 것입니다. 경운기 로터*(19쪽 아래 사진)가 고속으로 회전하며 흙을 갈 때 날 끝의 구부러진 부분이 땅을 세차게 두드려 깊이 10~40cm의 흙이 단단하게 다져진 것을 경반층이라고 합니다.

20cm

딱딱

딱딱한 경반층이 나타났다

오랫동안 화학 비료로 딸기를 재배했던 밭입니다. 땅을 파다 보니 경반층이 나타났습니다. 농기계를 계속 쓴 결과입니다.

◆ 발전기, 전동기, 터빈, 수차 따위의 회전 기계에서 회전하는 부분을 통틀어 이르는 말.

이런 흙에는 공기가 거의 포함되어 있지 않고 물도 잘 고이므로 밭에 퇴비 등을 섞으면 썩기 쉽습니다. 이런 환경은 당연히 채소에 좋지 않습니다.

토질 개선을 위해 종종 흙에 섞는 석회질 비료가 경반층에 고이는 것도 문제입니다. 채소 뿌리는 원래 유기산을 배출하며 흙 속으로 뻗어 나가는데, 석회가 고인 경반층에는 뿌리가 진입하지 못하기 때문입니다.

일반적인 밭에서는 20쪽의 위 그림처럼 표층 부분만을 갈아엎고 비료를 섞어 가며 채소를 재배합니다. 게다가 작물을 교체할 때마다 매번 밭을 갈아 경반층을 강화시킵니다. 이런 상황에서는 흙의 떼알화가 진행되지 않습니다.

반면 생태농법에서는 우선 경반층을 허물어 물과 공기가 잘 통하게 함으로써 흙 만들기를 시작합니다.

물과 공기 환경이 개선되면 토양 미생물이 활성화되고 미생물의 먹이인 채소 뿌리, 풀뿌리를 흙 속에 남기기도 쉬워집니다. 그러면 밭을 갈지 않아도 흙이 자연스럽게 떼알화하여 채소의 생장에 필요한 양분을 균형 있게 갖추게 됩니다.

그 결과, 식물은 20쪽의 아래 그림에서처럼 스스로 뿌리를 마음껏 뻗어서 맛있는 채소를 만들어 냅니다. 그러니 다른 밭에서처럼 질소, 인산, 칼륨을 굳이 화학 비료로 보충할 필요가 없습니다.

그렇다면 이처럼 미생물과 채소 뿌리가 행복해지는 흙을 어떻게 만들 수 있을까요? 그 방법을 21쪽에서부터 소개하겠습니다.

경운기 로터. 끝부분이 땅을 두드려 흙을 단단하게 다집니다. 트랙터 등 기계의 자체 무게도 경반층을 만드는 원인입니다.

정기적으로 가는 밭

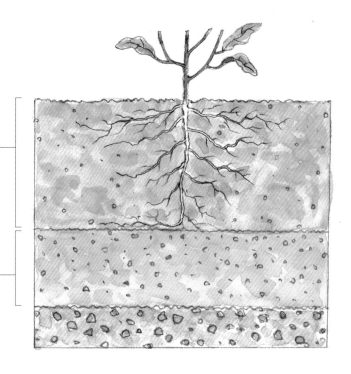

작물을 바꿀 때마다
흙을 갈고 화학 비료를 섞는다

깊이 약 20cm까지 흙을 갈고 화학 비료를
섞어 채소를 키웁니다. 생물 활성도가 높아
지지 않고 흙이 홑알 구조◆가 되는 경향이 있
습니다.

뿌리가 진입할 수 없는
단단한 경반층

채소 뿌리가 여기서 멈춥니다. 공기가 적고
물도 잘 고이므로 유기물이 썩기 쉽습니다.
생물 활성도가 낮은 차가운 흙입니다.

이전에 키웠던
채소 뿌리와 풀뿌리

갈지 않는 밭

되도록 흙을 갈아엎지 않는다

유기물(얕은 뿌리)이 풍부하고 생물 활성도
가 높아 흙이 점점 떼알화합니다. 갈지 않으
므로 일단 만들어진 토양 구조가 무너지지 않
습니다.

처음 이랑을 세우기 전에
경반층을 허문다

경반층을 삽으로 허물어뜨립니다(24쪽). 그
러면 물과 공기가 통하는 길이 생기고 채소
뿌리가 깊은 곳까지 뻗을 수 있습니다.

곧은뿌리가 깊이 자란다

뿌리는 물을 찾아 의외로 깊은 곳까지 뻗어
나갑니다. 뿌리가 굵어지고 많아지면 식물의
지상부도 튼튼해집니다.

◆ 토양의 알갱이가 서로 결합하지 않고 개개의 알갱이들로 흩어져 있는 토양 구조. 떼알 구조와는 달리 토양의 물리적 조건이 나쁘다.

이랑은 처음 한 번만 세운다

준비물

① 마른 억새 ② 마른풀 ③ 낙엽 ④ 쌀겨 ⑤ 왕겨 훈탄[*] ⑥ 식초(양조 식초) ⑦ 물 ⑧ 삽

- 마른 억새(보리, 갈대, 사탕수수 등으로 대체 가능)를 많이 준비합니다. 이 유기물을 이랑 밑에 잔뜩 묻어 두면 양분이 됩니다. 또 완성된 이랑을 덮는 멀치[**]로도 쓰입니다.
- 마른풀(강아지풀, 바랭이 등)은 유기물 멀치 또는 감자 이랑의 재료가 됩니다.
- 부피를 기준으로 낙엽은 억새의 4분의 1 정도 되는 양을 준비하면 됩니다.
- 질소를 보강하기 위한 쌀겨는 낙엽의 절반 정도 양이면 됩니다. 또 깻묵[***]은 질소 함량이 많으므로 쌀겨의 3분의 1 정도면 충분합니다. 단, 유전자 변형 작물로 만든 깻묵은 쓰지 않습니다.
- 기본적으로 삽이 있어야 하고, 풀이 자랐다면 낫도 필요합니다.

[*] 짚이나 낙엽, 잡초 등을 태운 재를 인분이나 가축 분뇨와 섞어 만든 거름.

[**] 멀칭은 농작물을 재배할 때 토양의 표면을 덮어 주는 일을, 이때 덮어 주는 자재를 멀치(mulch)라고 한다. 예전에는 볏짚·보릿짚·목초 등을 썼으나, 요즘은 폴리에틸렌이나 폴리염화비닐 필름을 쓴다.

[***] 기름을 짜고 남은 깨의 찌꺼기. 흔히 낚시 밑밥이나 논밭의 밑거름으로 쓰인다. 유박이라고도 한다.

추운 계절에 이랑을 만들어 여름 채소 심을 준비를 한다

지금부터는 흙 만들기 방법을 5단계로 나누어 소개하겠습니다.

우선 단단하고 차가운 경반층을 허물어야 합니다. 그래야 물과 공기가 잘 통해서 채소 뿌리가 길게 자랄 수 있습니다. 그리고 다양한 토양 미생물이 살 수 있도록, 미생물의 먹이인 억새나 낙엽 등 유기물을 이랑 밑에 묻습니다. 이 작업은 첫해에만 하면 됩니다. 그런 다음 추울 때 이랑을 세우고 5월 초에 여름 채소를 심습니다. 이전에는 농약과 화학 비료에 의존했던 메마른 밭이라 해도, 이런 식으로 이랑을 만들면 흙 속에 미생물이 늘어나 첫해부터 채소의 성장세가 달라집니다.

채소를 심을 때까지 시간이 얼마 남지 않아 생태농법식 이랑을 준비할 수 없는 사람은 46쪽에서 소개하는 방법대로 발효 부엽토를 이용한 속성 이랑을 만들어 보세요. 올해는 그 이랑에서 채소를 키우고, 가을에 억새 등 재료를 모아서 겨울에 생태농법식 이랑을 새로 만들면 됩니다.

1단계   이랑 중심에 홈을 판다

이랑 간격은 120cm

120cm 간격으로 이랑을 만듭니다. 그러기 위해 우선 이랑의 위치를 정하고 그 중심선을 따라 폭 50cm×깊이 약 20cm의 홈을 팝니다. 주변에 풀이 자랐으면 낫을 땅에 바싹 대고 벱니다. 120cm는 일조, 통풍, 채소 뿌리의 성장, 토양 미생물의 활성화, 작업 효율 등을 고려한 이상적인 간격입니다.

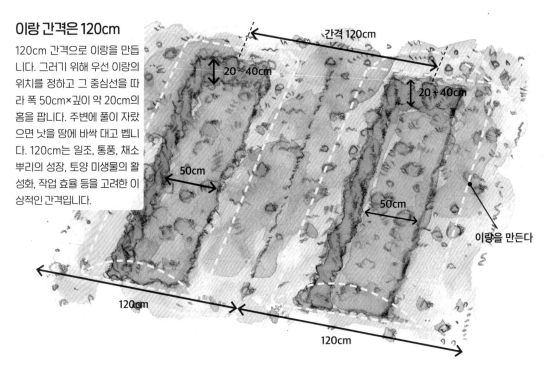

이랑이 세워질 곳에 폭 50cm의 홈을 판다

삽으로 판 흙을 양쪽에 쌓아 둡니다. 땅에서 10cm까지의 겉흙을 한쪽에 올리고 그 밑의 속흙을 반대쪽에 쌓습니다. 참고로, 홈의 폭 50cm는 삽 폭의 두 배쯤 되는 길이입니다. 기억해 두면 작업하기 쉬울 것입니다.

약 20cm 깊이에 단단한 흙이 나타난다

파다 보면 단단한 지층(경반층)이 나타납니다. 밭에 따라 다르지만, 이 밭의 경우 약 20cm 깊이에 경반층이 있습니다. 경반층이 없는 밭은 약 40cm까지만 파고 작업을 끝냅니다.

경반층을 삽으로 허문다

흙에 삽을 찔러 경반층을 허문다

경반층을 대강 허물어뜨립니다. 삽을 흙에 찌른 다음 앞으로 조금 기울이면 쉽게 허물어집니다. 뒷걸음질하면서 10cm 간격으로 삽질을 합니다.

왼쪽이 경반층의 흙입니다. 흙이 촘촘하게 뭉쳐 있고 차가운 느낌이 듭니다. 오른쪽은 표층의 흙입니다. 틈새가 많고 가볍게 느껴집니다. 같은 곳의 흙인데도 깊이에 따라 상태가 다른 것입니다.

유용한 팁

파서 일구는 것이 아니라 공기를 넣는다는 느낌으로 삽질한다

동글동글한 흙덩어리가 생기도록

경반층을 허물면 물과 공기가 지나는 길이 만들어지므로 채소가 뿌리를 깊이 뻗으며 건강하게 자랄 수 있습니다.

이 작업에서는 단단한 흙을 '대강 허무는 것'이 중요합니다. 삽을 찌른 다음 조금 앞쪽으로 기울이며 흙을 가볍게 일구는 것입니다. 흙 속에 공기를 넣는 느낌으로 삽을 10cm 간격으로 찔러 넣으면서 뒷걸음으로 이동합니다.

이때 흙을 파 엎어 잘게 부수면 안 됩니다. 그렇게 하면 시간이 흐른 뒤 흙이 다시 뭉쳐 단단하게 굳어집니다. 흙덩어리가 동글동글해진 정도에서 만족하고 그다음 일은 자연(뿌리와 미생물)에 맡깁시다.

허물어 놓은 곳을 밟지 않기 위해 뒤로 가면서 작업합니다. 흙을 파서 엎거나 완전히 일구는 것이 아니므로 작업은 그다지 힘들지 않습니다.

왕겨 훈탄을 얇게 뿌린다

경반층을 대강 허물어뜨린 곳에 왕겨 훈탄을 뿌립니다. 흙의 표면이 대략 덮이는 정도면 됩니다. 왕겨 훈탄의 미세한 구멍에 토양 미생물이 들어와 서식할 것입니다. 왕겨 훈탄 대신 목탄, 죽탄*을 쓸 수도 있습니다. 거칠게 부순 것을 이용합니다.

식초 물을 뿌린다

❶ 식초(양조 식초)를 물뿌리개에 넣습니다. ❷ 100배의 물을 넣어 희석합니다. ❸ 희석한 식초 물을 흙에 듬뿍 뿌립니다. 10m 길이의 홈에 식초 물을 대략 10L쯤 뿌린다고 생각하면 됩니다. 미생물은 식물 뿌리가 자랄 때 배출되는 유기산으로 모여드는 습성이 있습니다. 그래서 식초 물을 뿌리면 '여기서 뿌리가 자라고 있다'라고 착각하여 미생물이 증식하는 것입니다.

마른 억새를 깐다

억새를 홈에 듬뿍 깝니다. 발로 살짝 밟아서 골고루 깔렸는지 확인합니다. 억새 외에 보리, 사탕수수, 양미역취, 갈대 등을 쓸 수 있습니다. 이 식물들은 줄기 속에 솜이 들어 있어서 공기와 물을 잘 저장합니다. 다만 볏짚은 물컹하게 뭉개져서 썩기 쉬우므로 쓰지 않습니다.

◆ 대나무를 구워서 만든 숯.

활엽수

솔잎

활엽수 낙엽에 솔잎 낙엽을 10~20%쯤 섞으면 더 좋은 흙을 만들 수 있습니다.

낙엽을 뿌린다

억새 위에 낙엽을 뿌립니다. 대략 억새가 80%, 낙엽이 20% 비율입니다. 억새와 낙엽을 번갈아 까는 것도 좋습니다. 낙엽은 억새와 함께 미생물의 좋은 먹이가 될 것입니다.

쌀겨를 뿌린다

❶ 억새와 낙엽만 깔면 분해될 때 흙 속의 질소가 소모되어 질소가 부족해지는 질소기아 현상이 생길 수 있으므로 그 위에 쌀겨를 뿌려 줍니다. ❷ 쌀겨의 양은 부피를 기준으로 억새 및 낙엽의 10~15%입니다. ❸ 다 뿌린 다음 삽으로 두드려서 낙엽과 억새 틈으로 쌀겨가 들어가게 합니다. 쌀겨가 덩어리지거나 층을 이루면 썩기 쉬우니 주의해야 합니다. 쌀겨를 골고루 묻힌다는 느낌으로 통통 두드려 주세요.

왕겨 훈탄을 뿌린다

❶ 마지막으로 왕겨 훈탄을 얇게 뿌립니다. ❷ 그 위에 100배 희석한 식초 물을 한 번 더 뿌립니다. 식초 물이 억새 아래쪽까지 스며들 정도로 듬뿍 뿌립니다. 이것으로 흙의 활성화를 돕기 위한 작업이 끝났습니다. 이제 미생물과 채소 뿌리가 스스로 이상적인 흙을 만들어 낼 것입니다.

흙으로 고랑을 덮은 뒤 이랑을 만든다

파낸 흙을 다시 덮는다

이랑에 쌓아 두었던 흙으로 홈을 덮어서 억새와 낙엽을 묻습니다. 속흙을 먼저 덮고 겉흙을 나중에 덮습니다. 흙덩어리가 있어도 그냥 덮습니다. 덩어리를 잘게 부수면 오히려 흙이 뭉쳐 통기성이 나빠집니다.

고랑*의 흙을 퍼서 이랑 위에 쌓는다

고랑의 흙을 삽으로 퍼서 이랑 위에 쌓아 이랑을 높입니다. 낙엽과 억새 위에 적어도 약 20cm 두께의 흙이 있어야 합니다.

이랑 모양을 다듬는다

이랑을 반 원통 모양으로 다듬습니다. 한 달쯤 지나면 높이가 절반 정도로 낮아지니 그것까지 고려해 흙을 쌓아 올립니다. 이랑의 폭은 채소의 종류에 따라 달라집니다. 3장을 참고하세요.

◆ 이랑과 이랑 사이의 골짜기 혹은 통로.

5단계   채소를 심기 전까지 멀칭하여 이랑을 보호한다

마른 억새를 이랑 표면과 고랑에 덮는다

사진처럼 억새로 이랑 표면과 고랑을 덮습니다. 그러면 여름 채소를 심을 때쯤 흙과 억새가 자연스럽게 어우러져 좋은 환경을 만듭니다. 억새를 두껍게 덮으면 잡초도 덜 납니다. 억새가 없으면 베어 낸 풀이나 사탕수수 등을 덮어도 됩니다. 덮은 것이 바람에 날리지 않도록 대나무나 나뭇가지 등을 얹어 둡니다.

유용한 팁

파를 여기저기 심어서 토양의 생물 활성도를 높인다

병충해를 예방하는 흙 만들기

이랑을 다 세운 다음 파 모종을 여기저기 심습니다. 파 뿌리에서 나오는 항균 물질과 파 뿌리에 공생하는 미생물이 채소에 해를 끼치는 미생물을 억제하여 병충해를 예방할 것입니다.

오른쪽 사진은 억새를 얼기설기 덮은 후 땅에 구멍을 파고 파의 흰 부분을 묻은 모습입니다. 파 뿌리는 추운 계절에도 잘 자라며 토양의 생물상⁺을 풍부하게 만듭니다. 1m에 한 개씩만 심어도 충분한 효과를 얻을 수 있습니다. 한편 부추는 잡초와 섞여 버리므로 추천하지 않습니다.

파를 심는다

❶ 이랑을 세우고 파를 심어서 여름 채소 심을 준비를 합니다. ❷ 심기 전에 파 뿌리를 약 1cm만 남기고 뜯어 버리면 새로운 뿌리가 잘 자랍니다. ❸ 구멍에 모종을 넣고 흙을 채운 다음 잘 눌러 줍니다. 여름 채소를 심을 때 공영식물⁺⁺(63쪽)로 파 모종을 심어도 좋습니다.

◆ 같은 환경이나 일정한 지역 안에 분포하는 생물의 모든 종류. 주로 동물상과 식물상을 합쳐서 이르는 말이다.
◆◆ 서로 혹은 한쪽이 도움을 주는 관계에 있는 식물.

중요 # 비료로 채소를 키운다는 생각을 버리고 흙, 미생물, 식물의 힘을 이용하자

채소 뿌리와 미생물이 흙을 비옥하게 만든다

일반적인 채소 재배 책에서는 '밭을 자주 갈고 비료를 섞으라'고 말합니다. 그러나 흙을 갈면 채소에 더 손해라는 사실을 알아야 합니다.

첫 번째 문제는 밭의 생물상이 변화하여 원래 상태로 돌아가는 데 시간이 한참 걸린다는 것입니다. 흙은 갈고 나서 한 달쯤 지나면 다시 단단해져 버립니다. 계속 갈아 경반층이 생긴 밭의 구조를 20쪽 그림으로 소개했는데, 이런 밭에서는 작물을 심을 때마다 20cm 깊이로 흙을 갈아 비료를 섞어야 합니다. 즉 비료의 힘으로 채소를 키울 수밖에 없어지는 것입니다. 그러면 채소에 병충해가 생기므로 농약도 어쩔 수 없이 쓰게 됩니다.

식물은 뿌리 주변에 모여든 미생물과 양분을 교환하며 생장합니다. 이것이 식물의 자연스러운 방식입니다. 그러므로 흙 속 미생물을 얼마나 늘리느냐가 관건입니다.

생태농법식 밭에서는 경반층을 허물고 유기물을 묻어 미생물이 늘어나도록 한 후에는 흙을 갈거나 화학 비료를 주지 않습니다. 굳이 미생물이 살기 어려운 환경을 만들 필요가 없기 때문입니다.

그렇게 하면 어떤 채소를 심어도 전에 심었던 채소의 뿌리가 흙 속에 풍부하게 남아 미생물의 먹이가 됩니다. 결과적으로 다양한 미생물과 뿌리의 잔해 덕분에 흙이 자연스럽게 떼알화하여 균형 잡히고 비옥한 환경이 만들어집니다.

갈거나 비료를 주지 않는 밭에서는 채소가 뿌리를 많이 뻗어 건강하게 자랍니다. 따라서 병충해나 이어짓기 장애*를 신경 쓸 필요가 없습니다.

❶ 생태농법식 밭의 수박. 밑거름**을 주지 않아도 알차고 맛있는 수박이 열립니다. ❷ 잎이나 줄기는 작아도 열매인 가지는 맛이 좋습니다. ❸ 흙의 양분이 과하지 않아서 맛과 향이 좋은 토마토가 열립니다.

◆ 같은 땅에 같은 작물을 이어짓기하는 경우 작물의 생육에 장애가 나타나는 현상. 특정 병충해가 많아지고 흙속 양분이 결핍되며 유독 물질이 분비되고 잡초가 번성한다. 연작 장애라고도 한다.
◆◆ 씨를 뿌리거나 모종하기 전에 주는 거름.

03 / 밭 만들기의 원칙과 실천

이랑은 남북 방향으로 세우는 것이 기본

이랑 간격을 넓게 잡아 채소를 여유 있게 키운다

생태농법에서는 한 번 만든 이랑을 계속 씁니다. 그러므로 처음부터 이랑의 크기와 방향, 개수 등을 잘 설계하는 것이 중요합니다.

텃밭 이랑의 기본 간격은 120cm 정도로, 이 정도는 되어야 채소가 여유롭게 클 수 있습니다. 간격이 좁으면 뿌리가 넓게 퍼지지 못하는 데다 여러 종류의 채소가 섞이게 되고 통풍도 나빠져 질병이나 병충

남북 방향으로 이랑을 만들면 채소가 햇볕을 골고루 받는다

생태농법식 이랑에서 가지를 재배하는 모습입니다. 이랑은 남북 방향에 간격 120cm, 폭 60cm이며 고랑 폭도 약 60cm입니다.

해가 생길 수 있습니다. 32쪽 그림을 참고하여 간격을 잘 맞춰 이랑을 만듭시다.

이랑 사이의 간격이 120cm이고 이랑 폭이 약 60cm라면 고랑의 폭도 약 60cm가 됩니다. 한편, 이랑 폭이 약 90cm라면 고랑의 폭은 약 30cm가 됩니다. 이 정도가 일하기에는 편할 것입니다. 한편 이랑의 길이에는 기준이 없습니다. 밭의 넓이에 맞추면 됩니다.

다음으로 중요한 것이 이랑의 방향입니다. 일반적으로는 남북 방향으로 길게 펼쳐 놓는 것이 좋습니다. 그러면 채소에 해가 골고루 들 수 있습니다. 만약 동서 방향으로 만들 경우 이랑의 북쪽에 그늘이 집니다.

그러나 이랑을 남북 방향으로 가지런하게만 세우는 것은 물과 바람의 자연스러운 흐름을 무시하는 방식입니다. 이렇게 하면 생물 활성도가 높아지지 않습니다.

밭에 나가 땅의 방향, 경사나 주위의 수목과 건물 등의 상황을 둘러보고 상상력을 발휘해 봅시다. 이랑이 물의 흐름을 차단하지 않고 채소가 바람을 막지 않으려면 이랑의 폭과 길이를 어떻게 설계하고 어떻게 배치해야 할지 생각합시다.

채소를 실제로 키울 때 병충해가 생겼다면, 그리고 그것이 물과 바람이 차단된 탓이라고 판단된다면 이랑을 조정해야 합니다.

물과 공기의 흐름을 읽는다

물이 고이고, 바람이 막히면 병충해가 발생한다

밭마다 특징이 있습니다. 그러므로 일단은 남북 이랑을 기본으로 두고 천천히 수정하면서 자신의 밭에 가장 적합한 설계를 찾는 것이 좋습니다. 채소가 자라는 모습을 잘 관찰하다 보면 정답을 알게 될 것입니다.

이처럼 이것저것 궁리하며 자연을 느끼는 감각을 키우는 것도 채소 농사의 보람 중 하나입니다.

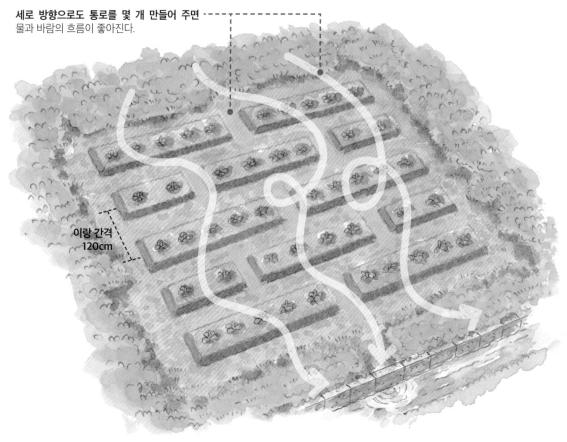

세로 방향으로도 통로를 몇 개 만들어 주면 ┄┄┄
물과 바람의 흐름이 좋아진다.

이랑 간격
120cm

경사진 밭에서는 등고선을 따라 이랑을 세운다

경사진 밭이라면 방향에 얽매이지 말고 등고선을 따라 이랑을 세워야 합니다. 강물의 흐름을 떠올리며 곳곳에 통로를 만들어 물의 흐름을 원활하게 합니다.

경사진 밭입니다. 위쪽 이랑에는 고구마를 심고 물이 고이는 아래쪽에는 토란을 심어 실한 작물을 많이 얻었습니다.

경사진 밭에서는 등고선을 따라 이랑을 만드는 것이 좋습니다. 그러면 햇볕과 물이 균등하게 퍼져 채소도 고르게 성장합니다.

비가 내리면 경사를 따라 물이 흘러내립니다. 그러므로 이랑을 길게 만들어 물이 고이게 하지 말고 32쪽의 그림처럼 도중에 통로를 만들어 물이 잘 흐르도록 해야 합니다. 바람 또한 물과 비슷하게 경사를 따라 불어 내려오므로 통로를 만들어 흐름을 원활하게 합니다.

또 경사진 밭에서는 비가 내릴 때 이랑이 무너지기 쉬우니 부지런히 보수할 필요가 있습니다. 또 아래쪽 이랑에 양분과 수분이 고이기 쉬운 것도 경사진 밭의 특징입니다. 이런 특징을 고려하여 어디에 어떤 채소를 재배하고 이랑을 얼마나 높일지 잘 생각하여야 합니다 (34쪽 참고).

토질 및 채소 종류에 따라 이랑 높이가 달라진다

배수가 잘 안 되는 밭에는 이랑을 높게, 건조한 밭에는 이랑을 낮게
물이 잘 고이는 질퍽한 땅에서는 대부분 채소의 뿌리가 썩어서 잘 자라지 않습니다. 채소 뿌리와 미생물은 적당한 수분과 신선한 공기가 필요합니다. 그래서 밭의 흙이 어떤 상태인지에 따라 이랑 높이를 달리하여, 흙의 습도를 조절해야 합니다.

이랑을 높게 하면 흙의 배수성과 통기성이 높아집니다. 그러므로 습한 밭에서는 이랑을 높이는 것이 기본입니다. 즉 점토질 밭에는 높은 이랑이 필요합니다. 표면은 메마른 모래질이지만 지하수 수위가 높아 조금만 파면 물이 나오는 밭에도 역시 높은 이랑이 필요합니다.

그 반대로 메마르기 쉬운 밭이라면 이랑을 낮게 만들어 수분을 유지하는 것이 좋습니다. 화산재성 부식토나 모래 성분이 많아서 수분이 금세 빠져나가는 밭에는 낮은 이랑, 또는 흙을 아예 쌓아 올리지 않는 평이랑*을 준비합니다.

단, 평평해 보이는 밭이라도 완만하게 기울어진 곳이 있으니 주의해야 합니다. 이런 지형은 반드시 낮은 곳으로 물이 흐르고, 낮은 쪽

◆ 평평하게 만든 이랑.

에 습기와 양분이 고일 것입니다. 잘 살펴보면 같은 풀이라도 위치에 따라 상태가 다릅니다. 밭과 대화한다는 생각으로 관찰하다 보면 그런 차이가 눈에 들어올 것입니다. 상황에 따라 이랑 높이를 달리하여 환경을 정비하고 토양의 생물 활성도를 높여 채소가 건강하게 자라도록 도와야 합니다.

채소의 종류에 따라서도 이랑의 높이가 달라집니다.

토마토, 수박, 멜론 등 건조한 흙을 좋아하는 채소를 습한 밭에서 키우려면 이랑을 높게 만들어야 합니다. 반대로 가지나 토란처럼 물을 좋아하는 채소를 메마른 밭에서 키우려면 이랑을 낮게 만들어 물이 잘 공급되도록 해야 합니다.

채소를 키우는 동안 자신의 밭에 어느 정도 높이의 이랑이 적당할지 가늠해 봅시다. 35쪽에서 이랑의 여덟 가지 형태를 소개하겠습니다. 참고하여 이랑을 설계하시기 바랍니다.

이럴 때는 낮은 이랑을	이럴 때는 높은 이랑을
메마르기 쉬운 밭일 때 → 보수성 향상을 위해 **물을 좋아하는 채소를 키울 때** → 가지, 토란, 풋콩◆ **나중에 북주기◆◆할 채소를 키울 때** → 파, 토란 등	**배수가 잘 안 되는 밭일 때** → 배수성 향상을 위해 **건조한 곳을 좋아하는 채소를 키울 때** → 토마토, 고구마, 수박 등 **뿌리를 길게 뻗는 채소를 키울 때** → 무, 당근, 우엉 등

◆ 덜 익은 대두.
◆◆ 흙으로 작물의 뿌리나 밑줄기를 두둑하게 덮어 주는 일.

유용한 팁

이랑을 왜 만들어야 할까

이랑은 채소가 뿌리를 뻗고 자라는 곳입니다. 즉 채소 뿌리와 미생물이 생명을 영위하는 현장입니다.

이랑을 만들면 흙의 배수성과 통기성이 향상됩니다. 햇볕을 듬뿍 받아 흙이 금세 데워지기도 하고, 토양 환경이 정비되고 생물 활성도가 높아집니다. 채소의 실뿌리도 발달합니다.

또 이랑과 고랑이 확실히 구분되므로 농사가 쉬워지고 채소 뿌리가 있는 곳을 밟지 않게 됩니다.

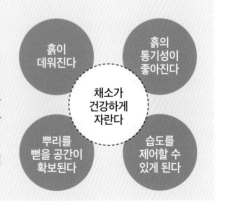

흙이 데워진다 / 흙의 통기성이 좋아진다 / 채소가 건강하게 자란다 / 뿌리를 뻗을 공간이 확보된다 / 습도를 제어할 수 있게 된다

최적의 이랑 형태를 골라 채소가 잘 자라도록 한다

낮은 이랑

평이랑①

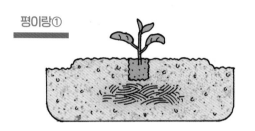

높이 5~10cm 정도의 낮은 이랑으로, 배수가 잘 되는 밭에 추천합니다. 모든 채소에 적합하며 수분을 좋아하는 채소에 특히 잘 맞습니다.

평이랑②

높이가 없는 평평한 이랑으로, 배수가 잘되어 메마르기 쉬운 밭이나 지하수 수위가 낮은 밭에서 자주 이용됩니다.

M자 이랑①

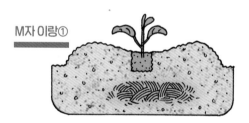

단면이 M자 모양인 이랑으로, 양쪽이 높고 가운데가 살짝 꺼져 있습니다. 꺼진 곳에 비가 고이므로 물을 좋아하는 가지를 키우기 좋습니다.

홈 이랑

흙을 약간 파서 주변보다 낮게 만든 이랑입니다. 메마르기 쉬운 밭에서 물을 좋아하는 채소를 키울 때 효과적입니다. 여러 번 북주기해야 하는 채소에도 적합합니다.

높은 이랑

높은 이랑

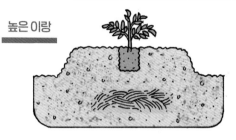

배수성과 통기성을 높여 주는 이랑입니다. 30cm 정도로 높게 만들 수도 있습니다. 건조한 흙을 좋아하는 채소가 잘 자랍니다.

봉우리 이랑

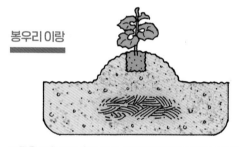

모종을 묻을 곳에 흙을 작은 산 모양으로 쌓아 올린 이랑입니다. 여기에 수박이나 호박을 심으면 덩굴을 사방으로 뻗으며 잘 자랍니다.

M자 이랑②

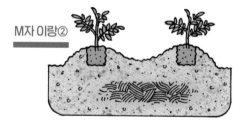

M자 이랑①과 같은 모양이지만 흙을 쌓아 올린 양쪽에 채소를 심습니다. 건조한 흙을 좋아하는 채소에 적합합니다.

경사 이랑

완만하게 기울어진 이랑입니다. 낮은 쪽에 수박이나 호박을 심으면 덩굴이 자연스럽게 높은 곳으로 기어오릅니다. 쉽게 덩굴을 유인하고 가지를 정리할 수 있습니다.

풋거름˙을 활용한다

고랑에도 식물을 심어 생물 활성도를 높인다

고랑이나 밭 주변에 볏과나 콩과 식물을 키워서 풋거름으로 씁니다.

아래 사진은 풋거름 작물로 자주 쓰이는 볏과 식물인 사탕수수입니다. 여름 채소를 아주 심기˙˙할 때 고랑에 씨를 흩어뿌리기˙˙˙ 해서 키운 것입니다. 이런 풋거름은 대량의 뿌리를 뻗어 흙 속 생물상을 풍부하게 하고 천적(64쪽 참고)의 서식지가 됩니다. 그뿐 아니라, 지상부의 생물상도 다양해져, 채소의 해충 피해를 줄이고 잡초를 억제하는 데에도 도움이 됩니다.

일반적으로 늦가을에 뿌리는 귀리나 호밀 씨도 여름 채소를 아주 심기할 때 같이 뿌릴 수 있습니다. 이 곡물들은 원래는 늦가을에 심어 쌀쌀할 때 왕성하게 자라는 것이 일반적이므로, 여름 채소와 함께 봄에 심으면 한창 자라는 시기와 여름의 더위가 겹쳐 시들어 버리기 쉽습니다. 그래도 사탕수수와 마찬가지로 밭의 생물 활성도를 높이는 효과는 높습니다.

˙ 생풀이나 생잎으로 만든, 충분히 썩지 않은 거름. 녹비라고도 한다.
˙˙ 온상에서 기른 모종을 밭에 내어다 제대로 심는 일.
˙˙˙ 땅에 여기저기 흩어지도록 씨를 뿌리는 일.

고랑에서 사탕수수를 키우는 모습입니다. 사탕수수에는 진딧물이 자주 꼬이는데, 이것 덕분에 진딧물의 천적인 무당벌레나 꽃등에 유충 등이 늘어나 채소에 생긴 진딧물을 다 먹어 치웁니다.

고랑의 흙도 정비한다

고랑을 맨땅으로 방치하지 않고 유기물로 덮는다

사탕수수나 귀리 등을 베어 고랑에 깔아 두면 토양의 생물 활성도가 높아집니다. 그러므로 고랑도 벌거벗은 상태로 두지 않고 항상 유기물로 덮어 두는 것이 좋습니다. 풀이나 채소 잔해를 이용해도 됩니다.

유기물은 미생물의 먹이가 되어 금세 분해됩니다. 고랑의 흙은 곧 다양한 미생물이 활동하는 비옥한 땅으로 자연스럽게 변합니다. 여름 채소를 수확할 때가 되면 고랑의 유기물은 이미 물러져 있을 것입니다. 그것을 고랑의 흙과 함께 삽으로 퍼서 이랑에 쌓아 올리면 추동 채소가 더 잘 자랄 것입니다.

도중에 고랑이 딱딱해지면 삽으로 가볍게 흙을 일굽니다. 43쪽을 참고하세요.

고랑에 사탕수수를 베어 깔아 놓았습니다. 밑의 흙이 자연스럽게 떼알화하여 비옥하고 균형 잡힌 토양이 될 것입니다.

채소를 계속 재배하며 토질을 개선한다

채소는 스스로 흙 속에 유기물인 뿌리를 공급한다

생태농법식 이랑에서는 첫해부터 토마토, 가지, 피망 등 여름 채소를 제대로 수확할 수 있습니다.

묻혀 있던 억새와 낙엽은 여름 채소를 정리할 때쯤 완전히 분해되어 있을 것입니다. 미생물이 증식하는 환경이 갖추어진 셈입니다.

이때부터는 밭을 갈거나 비료를 주지 않고 채소를 계속 키우면 됩니다. 단, 채소를 거둘 때는 뿌리를 흙 속에 남겨 두어야 합니다. 채소 뿌리를 좋아하는 미생물이 늘어나 다음에 키울 채소에 필요한 양분의

여름

1년 차 이랑에서는 토질을 향상시키는 것이 중요합니다. 하지만 여름 채소도 제대로 수확할 수 있습니다. 그러려면 이랑과 함께 고랑에도 유기물을 깔아 토질을 개선해야 합니다.

가을과 겨울

1년 차 여름 채소를 거둔 후 가을이 되면 뿌리채소나 잎채소를 키울 수 있습니다. 2년 차 이후에는 무엇이든 심어도 됩니다.

원천이 되기 때문입니다. 그러면 가을과 겨울에 뿌리채소든 잎채소든 다 잘 자랄 것입니다.

이제부터는 이랑을 이용하고 관리하는 방법을 구체적으로 소개하겠습니다.

잡초는 지면에서 베어 뿌리를 땅속에 남긴다

상황에 따라 달라지는 풀베기 방식

채소가 자라며 뿌리를 뻗는 동안에는 잡초가 나기 마련입니다. 채소를 거둔 뒤 맨땅이 드러나 있으면 채소 밑에 숨어 있던 잡초가 앞다투어 올라올 것입니다.

벌거벗은 흙을 풀로 회복하려는 자연의 원리가 작용하는 것으로 보입니다. 그러므로 잡초를 방지하기 위해서라도 채소를 계속 재배하는 것이 좋습니다.

풀이 좀 나더라도 채소가 더 잘 자랄 때는 너무 신경 쓰지 않아도

풀은 뿌리를 남겨 두고 벤다

❶ 낫 끝을 지면의 얕은 곳에 미끄러뜨리듯 찔러서 풀뿌리를 자릅니다. 그러면 땅속 뿌리 대부분이 남습니다. ❷ 이렇게 흰 부분을 자르면 풀이 다시 올라오지 않습니다. 풀이 아직 작을 때 이렇게 한 번 베어 줍니다.

벤 풀을 이랑에 깐다

만약 채소보다 풀이 더 무성해질 듯하면 낫으로 벱니다. 벤 풀은 이랑에 깔아 유기물 멀치로 이용합니다.

괜찮습니다. 오히려 풀이 약간 있는 편이 채소에 유리합니다. 마른장마나 땡볕이 내리쬘 때도 풀 덕분에 땅이 잘 마르지 않기 때문입니다. 비가 적은 여름에는 풀을 중간쯤에서 잘라 아랫부분을 남기고, 비가 많은 여름에는 지면에 낫을 바싹 대고 벱니다.

채소가 아직 어릴 때 풀이 무성하다면 풀을 베야 하지만 그래도 뿌리째 뽑으면 안 됩니다. 풀을 손으로 비틀어 잡아 뜯거나 낫 끝을 지면에 살짝 미끄러뜨리듯 넣어서 바싹 잘라야 합니다.

어떤 경우든 뿌리를 땅속에 남겨 두는 것이 중요합니다.[*] 풀뿌리가 미생물의 먹이가 되어 생물 활성도를 높이기 때문입니다.

풀뿌리가 분해되고 나면 흙에 미세한 파이프 모양의 구멍이 생겨서 토양의 배수성과 통기성이 향상됩니다. 이 구멍은 미생물의 알맞은 서식처이기도 합니다.

[*] 다만, 쑥이나 구절초 같은 여러해살이풀은 땅속에서 뿌리로 퍼지기 때문에 뿌리까지 제거해야 한다.

채소도 뿌리를 남기고 수확한다

토마토 뿌리가 토마토 흙을, 가지 뿌리가 가지 흙을 만든다

생태농법에서는 채소를 수확할 때도 뿌리를 흙 속에 남깁니다. 흙 속의 뿌리는 채소를 기르는 양분의 원천이기 때문입니다.

앞에서 말한 풀과 마찬가지로, 미생물이 채소 뿌리를 분해하면 흙의 생물 활성도가 높아집니다. 미생물의 작용으로 흙 속 양분이 자연스럽게 균형을 이루므로 채소가 건강하게 자랄 것입니다.

그러므로 질소, 인산, 칼륨을 비료로 보강할 필요가 없습니다. 오히려 비료를 주어 양분의 균형이 무너지면 병충해가 잘 생기고 이어짓기 장애가 일어납니다. 그래서 결국은 농약에 의존하게 됩니다.

생태농법에서는 이어짓기(200쪽 참고)를 추천합니다.

이어짓기할 경우, 토마토를 재배하는 이랑의 흙은 토마토가 자라는 데 적합한 양분 균형과 미생물상을 점점 갖추게 됩니다. 이어짓기 장애를 신경 쓸 필요가 없습니다. 가지도 마찬가지입니다.

미생물의 중요한 먹이

채소를 연달아 재배할수록 흙 속에 유기물(뿌리)이 늘어나 미생물이 증식합니다.

줄기를 지면에서 잘라 이랑에 깐다

❶ 수확이 끝난 채소는 땅에 가깝게 잘라 정리합니다. ❷ 채소의 지상부를 잘게 썰어 이랑에 깝니다. 그러면 지면에 닿은 부분을 미생물이 분해하여 흙에 흡수시킵니다. 여름 채소든 추동 채소든 이렇게 정리합니다. 이 과정을 3년쯤 반복하면 이상적인 흙이 만들어집니다. 그 흙에서는 어떤 채소든 잘 자랄 것입니다.

이랑의 표면이 단단해지면
삽으로 찔러 공기를 넣는다

생물 활성도를 높이는 중요한 작업

채소를 수확할 무렵에 비가 내리고 나면 흙 표면이 단단해질 때가 있습니다. 그럴 때는 잔해를 정리한 뒤 다음 채소를 심기 전에 삽으로 흙을 가볍게 일구어야 합니다.

방식은 다음과 같습니다. 흙을 파서 뒤엎는 게 아니라 삽으로 땅을 찌른 뒤 조금씩 앞으로 기울여서 흙 속에 공기를 넣는 것이 중요합니다. 이 간단한 작업으로 토양의 생물 활성도를 높일 수 있습니다.

생태농법에서는 밭을 갈지 않지만, 이 작업은 필요합니다. 이 작업을 마친 뒤에 추동 채소를 심습니다.

단단하게 굳은 흙에 삽을 찌르고 흙을 살살 움직여 줍니다. 흙 속에 공기를 넣어 미생물을 활성화하는 것입니다.

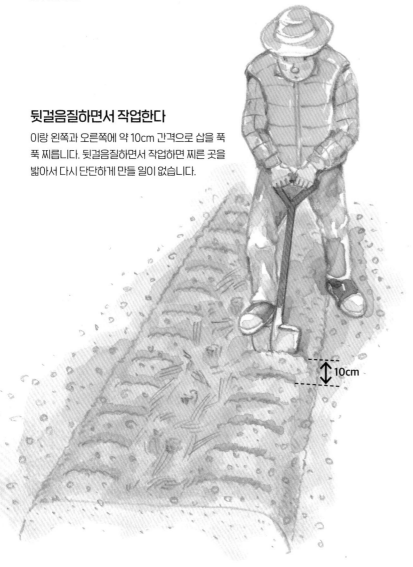

뒷걸음질하면서 작업한다

이랑 왼쪽과 오른쪽에 약 10cm 간격으로 삽을 푹푹 찌릅니다. 뒷걸음질하면서 작업하면 찌른 곳을 밟아서 다시 단단하게 만들 일이 없습니다.

10cm

삽을 찌른 뒤 앞으로 살짝 기울입니다. 흙의 틈새로 공기를 넣는다고 생각하면 됩니다.

❶ 들깨를 거둬들인 이랑입니다. 삽으로 흙에 공기를 넣어 준 다음 고랑의 흙을 퍼서 덩어리째 이랑에 쌓아 올립니다. ❷ 일주일에서 10일 후에 큰 덩어리를 삽으로 가볍게 두드려 이랑의 형태를 다듬습니다. ❸ 사탕수수를 이랑 표면에 깔고 추동 채소의 씨를 뿌리거나 모종을 심습니다.

비가 와서 이랑이 무너지면
고랑 흙을 퍼서 보수한다

블록 모양의 흙을 이랑 위에 쌓는다

밭농사를 짓다 보면 비가 내린 후 흙이 흘러내려 이랑이 낮아질 때가 있습니다. 그럴 때는 흘러내린 고랑의 흙을 이랑에 얹어 다음번 농사를 준비합시다.

채소를 정리한 후 일단 앞에서 소개한 것처럼 이랑과 고랑의 흙을 일굽니다. 그런 다음 고랑의 흙을 유기물 멀치와 함께 블록 모양으로 퍼서 이랑 위에 적당히 쌓아 올립니다. 유기물 멀치는 이미 어느 정도 분해된 상태라서 삽으로 쉽게 자르고 떠낼 수 있습니다.

그대로 일주일에서 10일 정도 두었다가 큰 덩어리를 삽이나 선호미로 대충 부수어 이랑 모양을 다듬습니다. 이때 흙을 너무 잘게 부수지 않는 것이 중요합니다. 크고 작은 덩어리가 있어야 물과 공기를 적절히 머금을 수 있는 데다, 조금 큰 덩어리가 남아 있어도 시간이 가면 자연스럽게 적당한 상태가 되기 때문입니다. 토질 개선은 자연에 맡기는 것이 제일입니다.

마지막으로 이랑 표면과 고랑을 유기물로 덮어 멀칭합니다.

배수가 잘 되지 않아 이랑을 더 높이고 싶을 때도 똑같은 방법을 쓰면 됩니다.

발효 부엽토를 이용하여 이랑을 만든다

단기간에 토질을 개선하려면 발효 부엽토를 섞는다

생태농법식 이랑은 원래 추울 때 만들어 놓고 봄에 씨나 모종을 심을 때까지 한 달 동안 재우는 것이 이상적입니다.

그러나 시간이 한 달도 남지 않았다면 다른 방식을 써야 합니다. 발효 부엽토를 이랑의 표층에 섞어서 단기간에 토질을 개선하는 것입니다. 시판 부엽토, 쌀겨, 깻묵, 왕겨 훈탄 등을 이용하여 발효 부엽토를 만들고 10일간 재웠다가 쓰면 됩니다. 만드는 법은 197쪽에 자세히 나와 있습니다.

부엽토가 발효되는 동안에는 경반층을 허물어뜨립시다. 그런 다음에 유기물을 묻지 않고 그대로 홈을 메우고 흙을 쌓아서 이랑을 만들면 됩니다.

그리고 발효 부엽토를 47쪽의 사진③처럼 표층에 섞어 줍니다. 흙의 표층에는 공기가 풍부하여 호기성 미생물*이 활동하기 좋습니다. 거기에 발효 부엽토를 섞으면 부엽토를 먹고사는 미생물이 활발하게 증식하며 채소가 쉽게 뿌리를 뻗는 환경을 자연스럽게 만들어 냅니다. 이렇게 만든 이랑에서도 맛있는 채소를 많이 수확할 수 있습니다.

발효 부엽토

만드는 방법은 197쪽에 자세히 나와 있습니다. 부엽토 만들기가 어렵다면 시중에서 판매하는 부숙 거름**을 구입해서 써도 무방합니다.

발효 부엽토는 호기성 미생물 덩어리입니다. 1m²당 3~5L의 발효 부엽토를 이랑 표층에 섞고, 필요에 따라 고랑에도 뿌려 줍니다.

◆ 산소가 있는 곳에서 정상적인 생활을 하는 미생물.
◆◆ 가축 분뇨, 왕겨, 톱밥, 양계장에 썼던 볏짚 등을 부숙시켜 만든 퇴비.

① 경반층을 허물고 이랑을 세운다

이랑을 세울 곳을 정했다면 22~23쪽의 설명대로 중앙에 홈을 파고 경반층을 허물어뜨립니다. 흙으로 홈을 덮고 고랑의 흙을 퍼서 이랑 모양을 만듭니다.

② 발효 부엽토를 뿌린다

이랑 위에 발효 부엽토를 뿌립니다. 양은 1m²당 3L가 적당합니다. 처음으로 농사짓는 땅, 떼알 구조가 발달하지 않은 빈약한 땅이라면 좀 더 많이(5L 정도까지) 뿌립니다.

③ 표층에 섞는다

깊이 10cm까지의 겉흙에 발효 부엽토를 섞습니다. 갈퀴나 선호미로 대충 섞어 주면 됩니다. 이때 흙을 잘게 부수면 안 됩니다. 그런 다음 열흘이 지나면 채소를 심을 수 있습니다.

제2장

채소를 건강하게
키우기 위해
알아야 할 원칙

01 / 제철 채소 키우기

제철 채소가 건강하고 맛있다

채소마다 적정 재배 시기가 다르다

텃밭 채소는 키우는 시기에 따라 크게 세 그룹으로 나뉩니다.

대부분 채소는 원산지가 해외입니다. 따라서 재배할 때(중간지* 기준) 열대 출신의 채소는 여름에 키우고 추운 지역에서 온 채소는 봄이나 가을에 키우는 것이 보통입니다.

온실이 아닌 노지 텃밭에서는 제철에 키워야 채소를 제대로 키울 수 있습니다. 제철에 키우면 채소의 생장을 돕는 토양 미생물도 활성화되고 채소도 건강하게 자라 최고의 결실을 얻을 수 있습니다.

① **여름철 채소** : 토마토, 가지, 피망, 오이, 호박, 주키니, 오크라,** 옥수수, 땅콩, 감자, 고구마 등 비교적 고온을 좋아하는 채소입니다.

② **가을철 채소** : 당근, 가을 감자, 배추, 양배추, 무, 소송채,*** 경수채, 순무, 양상추, 시금치, 파, 풋콩, 강낭콩 등 비교적 시원한 기후를 좋아하는 채소입니다. 품종을 잘 선택하면 봄에도 키울 수 있습니다.

③ **겨울철 채소** : 누에콩, 완두콩, 양파, 염교,**** 딸기 등 늦가을에 심어 이듬해 초여름에 수확하는 채소입니다. 각 채소의 적정 재배 시기는 3장에서 다시 소개하겠습니다.

다음 페이지의 표는 시즈오카(静岡) 시*****의 텃밭에서 제가 키우는 채소를 시기별로 표시한 것입니다. 슈퍼마켓에서는 계절과 관계없이 다양한 채소를 살 수 있지만, 텃밭에서는 계절에 맞는 채소를 재배하는 것이 철칙입니다.

◆ 한랭한 지역과 온난한 지역의 중간에 있는 지역. 원예 분야에서는 '서리가 내리지만 영하 5도 이하의 강한 서리는 거의 내리지 않는 지역'이라는 의미로 쓰인다.
◆◆ 아욱과의 한해살이풀로 채소로 재배해 열매는 생식하거나 맛을 내는 데 쓴다. 원산지는 아프리카 동북부.
◆◆◆ 일본에서 국민 채소로 불릴 정도로 흔하게 먹는다. 시금치와 비슷하게 생겼다.
◆◆◆◆ 초절임 형태로 초밥의 밑반찬 등으로 제공된다. 보통 '락교'로 불린다.
◆◆◆◆◆ 혼슈 남부. 북위 34도로 북위 37도인 서울보다 위도가 낮아서 기후가 대체로 더 따뜻하므로 더운 지역 출신의 채소를 많이 재배한다. 이를 생각하고 읽어주기 바란다.

24절기로 보는 제철 채소 및 꽃 달력

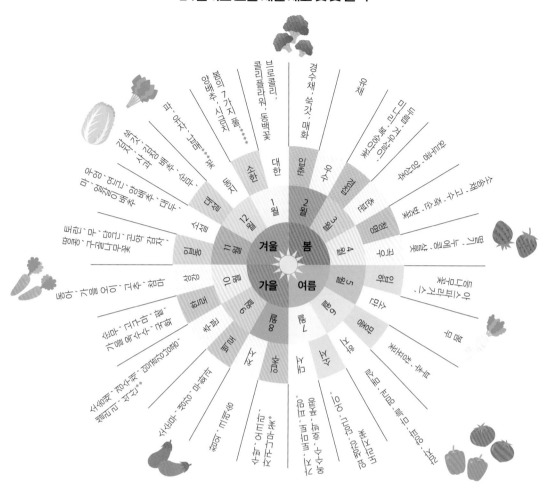

24절기와 채소 재배

계절 변화를 느끼며 농사를 짓는다

입춘, 춘분 등의 단어를 자주 접합니다. 이것은 24절기 중 하나로, 태음력을 썼던 시대의 계절 이름입니다. 24절기의 의미를 알아 두면 밭일의 리듬을 쉽게 파악할 수 있습니다. 이와 같은 계절의 변화를 느끼며 채소를 키우는 것은 무척 재미있는 일입니다.

봄 _____

● **입춘**(立春, 2월 4일경): 입춘부터 입하 전날까지가 봄입니다. 온난

◆ 쌍떡잎식물 장미목 콩과의 낙엽 소교목. 부부의 금실을 상징하는 나무로 합환수·합혼수·야합수·유정수로도 불린다.

◆◆ 외떡잎식물 백합목 수선화과의 여러해살이풀. 꽃무릇이라고도 한다. 일본이 원산지이며 절에 심겨 있을 때가 많고 산기슭이나 풀밭에서 무리지어 자란다.

◆◆◆ 음력 섣달에 꽃이 피는 매화.

◆◆◆◆ 일본에서 정월 7일에 건강을 기원하며 죽에 넣어 먹는 풀. 미나리, 냉이, 쑥, 별꽃, 광대나물, 순무, 무.

한 지역에서는 매화가 피고 봄 감자 농사가 시작됩니다.

- **우수**(雨水, 2월 19일경): 하늘에서 눈이 아닌 비가 내린다는 뜻으로, 쌓인 눈도 녹습니다.

- **경칩**(驚蟄, 3월 6일경): 동면했던 곤충과 개구리가 땅속에서 나온다는 의미입니다.

- **춘분**(春分, 3월 21일경): 밤낮의 길이가 거의 같으며 낮이 길어지기 시작합니다. 파와 소송채의 씨를 뿌립니다.

- **청명**(淸明, 4월 5일경): 청정명결(淸淨明潔)의 약자로, 활짝 갠 하늘 밑에서 다양한 식물이 무럭무럭 싹을 틔우는 모습을 나타내는 말입니다.

- **곡우**(穀雨, 4월 20일경): 밭농사 준비가 끝나고 봄비가 내리는 시기입니다. 변덕스러운 봄 날씨가 슬슬 안정되고 햇볕도 강해집니다. 따뜻한 지역에서는 토마토와 오이를 아주 심기합니다.

여름

- **입하**(立夏, 5월 6일경): 입하부터 입추 전날까지가 여름입니다. 가지와 피망 등 고온성 채소를 아주 심기합니다.

- **소만**(小滿, 5월 21일경): 식물이 무럭무럭 자라 무성해지는 시기입니다. 햇볕이 점점 강해집니다. 채소뿐만 아니라 풀도 무럭무럭 자랍니다. 오크라 씨앗을 뿌립니다.

- **망종**(亡種, 6월 6일경): 원래 벼 등 곡물 씨앗을 뿌린다는 의미입니다. 장마가 임박한 때입니다.

- **하지**(夏至, 6월 21일경): 1년 중 낮이 가장 긴 날입니다. 가을에 수확할 대두 씨를 뿌립니다. 그러나 모든 씨앗은 장마철을 피해 파종합니다.

- **소서**(小暑, 7월 7일경): 본격적인 더위가 시작됩니다. 장마가 막바지에 접어듭니다. 집중 호우를 주의해야 합니다.

- **대서**(大暑, 7월 23일경): 1년 중 가장 더운 시기입니다. 여름 채소들도 뜨거운 열기에 힘들어합니다.

가을

● **입추**(立秋, 8월 8일경): 입추에서 입동 전날까지가 가을이지만, 실제로는 더운 날이 좀 더 이어집니다.

● **처서**(處暑, 8월 23일경): 더위가 끝난다는 의미입니다. 양배추, 브로콜리 씨를 뿌립니다. 늦은 태풍이 시작됩니다.

● **백로**(白露, 9월 8일경): 가을을 느끼고 초목에 아침 이슬이 내린다는 의미입니다. 추동 채소의 씨를 뿌리느라 바쁠 때입니다.

● **추분**(秋分, 9월 23일경): 밤낮의 길이가 거의 같은 날로, 이날 이후 낮이 짧아지기 시작합니다. 냉기를 점점 자주 느끼게 됩니다.

● **한로**(寒露, 10월 8일경): 초목에 찬 이슬이 내린다는 의미입니다. 누에콩, 완두콩 씨를 뿌립니다.

● **상강**(霜降, 10월 23일경): 서리가 내려 초목이 하얗게 변한다는 의미입니다. 추운 지역에서는 필요에 따라 채소밭에 보온 대책을 실시합니다.

겨울

● **입동**(立冬, 11월 8일경): 입동부터 입춘 전날까지가 겨울입니다. 찬바람이 불고 나뭇잎이 떨어지기 시작합니다. 낙엽을 모아 부엽토 만들 준비를 합니다.

● **소설**(小雪, 11월 22일경): 햇볕이 약해지고 추위가 심해집니다. 양파 모종을 아주 심기합니다.

● **대설**(大雪, 12월 7일경): 밭에 서릿발*이 섭니다. 양파 모종이 서릿발 때문에 솟아오르면 다시 묻고 보리밭도 밟아 주어야 합니다.

● **동지**(冬至, 12월 22일경): 1년 중 낮이 가장 짧은 날입니다. 이날 이후 낮이 다시 길어집니다.

● **소한**(小寒, 1월 5일경): 본격적인 추위가 시작되는 날입니다. 이때부터 입춘 전날까지를 '한중(寒中)'이라고 합니다.

● **대한**(大寒, 1월 20일경): 1년 중 가장 추운 절기입니다. 이날이 지나면 곧 봄이 옵니다.

◆ 땅속의 물이 얼어 기둥 모양으로 솟아오른 것 또는 그것이 뻗는 기운.

53

구덩이 속 흙의 원래 구조를 복원하면
뿌리가 무럭무럭 자란다!

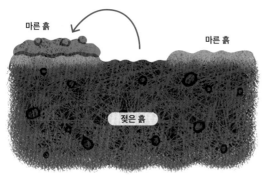

마른 흙   마른 흙   젖은 흙

젖은 흙

❶ 표층의 마른 흙을 걷어 낸다.   ❷ 구덩이를 파서 나온 젖은 흙을
한쪽에 쌓아 둔다.

구덩이 파기와 흙 구조 복원에 뿌리내림*의 성패가 달려 있다

모종을 심을 때 제일 중요한 것은 새로운 뿌리가 흙 속으로 잘 뻗어 나가도록 만드는 것입니다. 우선 모종 화분을 물로 300배 희석한 양조식초에 담가 10~15분 정도 바닥을 통해 흡수시킵니다. 식초 물로 미생물을 활성화하여 뿌리의 활동을 촉진하려는 것입니다.

구덩이 파는 방법과 모종을 묻는 방법도 중요합니다. 이때 반드시 지켜야 할 점은 마른 겉흙과 젖은 속흙을 섞지 않는 것입니다. 위 그림처럼 구덩이 속 흙 구조를 복원해야 채소가 성공적으로 뿌리내립니다. 이런 방식으로 모종을 구덩이에 빈틈없이 묻은 다음 양손으로 꾹꾹 눌러 주세요. 씨 뿌릴 때와 마찬가지로 물은 주지 않습니다.

심기 전에 구멍에 물을 붓는 사람이 많은데, 이 또한 좋지 않습니다. 갑작스럽게 물을 주면 토양 미생물이 혼란에 빠지기 때문입니다. 또 구덩이 측면에 막이 생겨 미세한 공기구멍이 막힐 수도 있습니다.

◆ 활착. 옮겨 심거나 접목한 식물이 서로 붙거나 뿌리가 땅속으로 잘 내려서 사는 것.

심기 전에 화분을 식초 물에 담가 바닥을 통해 흡수시킨다

물로 300배 희석한 식초(합성 식초 제외)를 화분 바닥을 통해 흡수시킵니다. 식초 물에 들어 있는 유기산이 채소를 기르는 토양 미생물을 활성화하여 채소가 뿌리내리도록 도울 것입니다.

🔖중요 심은 뒤 꾹꾹 누른다

모종을 심은 뒤에는 씨 뿌릴 때와 마찬가지로 흙을 꾹꾹 눌러 줍니다. 새로운 뿌리의 성장을 촉진하기 위해서입니다. 단, 씨를 심었을 때처럼 발로 밟지는 않고 손에 체중을 실어 누릅니다. 참고로 흙이 너무 젖었을 때는 모종을 심지 않는 것이 좋습니다. 흙이 엉겨 붙은 진흙탕 속은 산소가 부족해서 채소가 뿌리를 잘 뻗지 않기 때문입니다.

❸ 모종을 구덩이에 넣는다.

❹ 젖은 흙으로 틈새를 메운다.

새잎이 났다면 뿌리를 잘 내렸다는 뜻

심은 후 뿌리가 잘 자라면 지상부의 잎도 한층 커지고 새로운 잎이 나기 시작합니다. 새잎이 나는 것은 채소가 순조롭게 뿌리내렸다는 증거입니다.

🔖중요 구덩이에 마른 흙을 넣지 말 것!

처음에 걷어 낸 겉흙을 틈새에 채우면 채소가 뿌리를 잘 내리지 못합니다. 채소는 메마른 흙 속에는 굳이 뿌리를 뻗지 않기 때문입니다. 또, 겉흙에 서식하던 토양 미생물 역시 갑자기 깊은 구멍 속으로 이동하면 혼란에 빠지게 됩니다.

이점
거침없이 뿌리를 뻗고 신속히 정착한다!

뿌리가 순조롭게 자라기 시작한다

흙 속 수분과 양분을 찾아 뿌리가 자라기 시작합니다. (뿌리가 잘 자라려면 공기도 필요합니다.) ①~④를 참고하여 조심스럽고도 빠르게 모종을 심으면 채소는 순조롭게 뿌리를 내릴 것입니다.

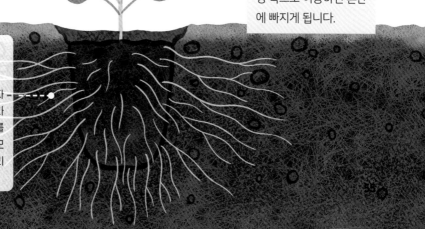

발아율이 놀랄 만큼 높아지는
뿌린 후 밟아 누르기

잘 누르면 씨가 고르게 발아한다

씨를 뿌린 후에는 발로 꾹꾹 밟아 누릅니다. 이것이 발아율을 올리는 최고의 요령입니다. 물을 줄 필요는 없습니다. 물을 주지 않아도, 씨앗과 흙이 밀착하면 채소가 흙에서 수분을 쉽게 얻을 수 있기 때문입니다. 마른흙을 적당히 밟아 줍시다. 너무 약하게 밟으면 비가 올때 씨가 흘러나가거나 지면으로 떠오를 수 있습니다. 손으로 눌러도 괜찮지만 누르는 강도에 개인차가 크므로 발로 밟아야 확실합니다.

다만 밟으면 안 될 때가 있으니, 57쪽의 '주의'를 참고합시다. 심기 전에 구멍에 물을 붓는 사람이 많은데, 이 또한 좋지 않습니다. 갑작스럽게 물을 주면 토양 미생물이 혼란에 빠지기 때문입니다. 또 구덩이 측면에 막이 생겨 미세한 공기구멍이 막힐 수도 있습니다.

수분

수분

이점 1

밤에 지하에서 올라온 수분이 표층에 저장되므로 흙이 잘 마르지 않는다

흙을 충분히 누르면 모세관 현상* 때문에 땅속의 수분이 위로 올라옵니다. 올라온 수분은 단단해진 표층의 흙에 잘 저장됩니다. 제대로 누르지 않아 흙이 부슬부슬하면 수분이 땅 밖으로 증발해 건조해집니다. 참고로 땅속의 수분은 저녁부터 아침 사이에 올라옵니다.

◆ 가는 대롱을 액체 속에 넣어 세웠을 때 대롱 안의 액면이 대롱 밖의 액면보다 높아지거나 낮아지는 현상.

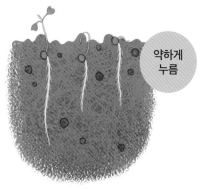

싹이 고르게 트지 않는다

약하게
누름

씨앗은 충분히 눌리지 않은 흙에서는 수분을 안정적으로 얻을 수 없습니다. 비가 내려 흙이 젖었을 때 잠시 싹이 틀지는 몰라도, 나중에 흙이 마르면 곧 시들어 버립니다. 싹이 고르게 트지 못하는 환경입니다.

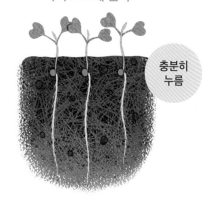

싹이 고르게 튼다

충분히
누름

제대로 누르면 씨앗이 흙에서 수분을 안정적으로 얻으므로 싹을 고르게 틔웁니다. 싹도 고르게 트고 나중에 채소도 순조롭게 자라는 양호한 환경입니다.

씨앗에 흙을 덮고 체중을 실어 꾹꾹 밟는다

일단 흙에 구멍을 내고 씨앗 몇 개를 떨어뜨립니다. 씨앗 크기의 1.5배 정도 두께로 흙을 덮어 씨앗을 묻은 다음 체중을 실어 흙을 밟습니다. 강하게 밟아도 괜찮습니다. 코끼리의 발자국에도 풀은 싹을 틔우니까요.

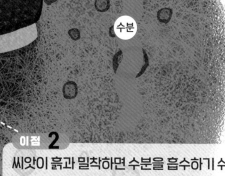

수분

수분   수분

이점 2

씨앗이 흙과 밀착하면 수분을 흡수하기 쉬워진다

씨를 뿌린 다음 발로 꾹꾹 밟아 누르면 씨앗이 흙에 밀착하므로 흙에 저장된 수분을 원활하게 흡수할 수 있습니다. 그래서 안심하고 싹을 틔울 준비를 합니다.

주의 흙이 너무 젖었다면 밟지 말 것!

비가 내린 후 아직 젖어 있는 흙에 씨를 뿌렸다면 밟지 않는 것이 좋습니다. 젖은 흙을 밟아 흙이 더 단단하게 다져지면 오히려 싹이 잘 트지 않기 때문입니다. 또, 걸을 때마다 발이 진흙 범벅이 되는 날에는 밭일을 쉬는 것이 좋습니다.

줄뿌리기와 점뿌리기

씨는 한꺼번에 뿌려야 싹을 잘 틔우고 잘 자란다

채소 씨앗을 하나만 심으면 잘 자라지 못하고 말라 죽기 쉽습니다. 그러나 경쟁 상대가 있으면 초기 생육이 아주 양호해집니다. 그래서 밭에서 채소를 키울 때 수확하고 싶은 수량보다 더 많은 수의 씨앗을 뿌리는 것입니다.

씨 뿌리기 방법도 다양합니다. 그중 텃밭에서 자주 이용되는 방법은 '점뿌리기'와 '줄뿌리기', '흩어뿌리기'입니다. 줄뿌리기와 흩어뿌리기를 혼합하여 일정한 폭 안에 씨를 흩어서 뿌리는 '줄흩어뿌리기'도 있습니다.

대강 나누면, 크게 자라는 채소는 점뿌리기, 작은 채소는 줄뿌리기해야 재배와 관리가 편합니다. 어떤 방식이든 최종적으로 수확할 수량보다 3배쯤 많은 수의 씨앗을 뿌립니다. 키우면서 차례차례 솎아서 마지막으로 남은 채소를 크게 키웁니다.

> → 큰 채소는 점뿌리기   → 작은 채소는 줄뿌리기, 흩어뿌리기

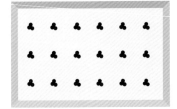

점뿌리기
무, 비타민 등 잎이 커지는 채소는 처음부터 포기 간격을 넓게 두고 점뿌리기합니다. 배추, 양배추 등도 점뿌리기한 다음 차례차례 솎아 한군데에 한 포기씩만 남깁니다.

줄뿌리기
소송채, 순무, 경수채, 시금치, 우엉 등 공간을 그다지 차지하지 않는 채소는 줄뿌리기한 다음 차례차례 솎아 포기 사이를 벌려 줍니다.

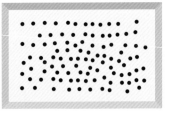

흩어뿌리기
자연이 씨앗을 퍼뜨릴 때와 비슷한 방식입니다. 파 모종을 키우거나 작은 이랑에서 어린잎 채소를 재배하거나 넓은 면적에서 풋거름 작물을 재배할 때 자주 쓰입니다.

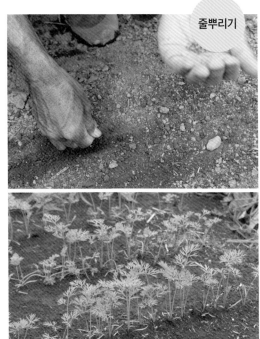

무씨를 뿌리는 장면입니다. 포기 간격 30cm마다 한곳에 서너 개의 씨를 뿌립니다. 흙을 덮고 누르면 고르게 발아합니다. 두 번쯤 솎아서 최종적으로 한곳에 한 포기씩만 남깁니다.

당근 씨를 뿌리는 장면입니다. 이랑에 줄을 그은 다음 약 2cm 간격으로 씨를 떨어뜨립니다. 그리고 흙을 덮어 꾹꾹 눌러 줍니다. 발아하면 몇 차례 솎아서 포기 간격을 10cm 정도로 벌립니다.

포기 간격과 줄 간격

포기 간격에 따라 채소의 자라는 정도가 달라진다

채소마다 적당한 포기 사이의 거리와 줄 사이의 거리가 대략 정해져 있습니다. 채소의 포기와 포기 사이 거리를 포기 간격이라고 하며, 두 줄 이상으로 심을 때 줄 사이의 거리를 줄 간격이라고 합니다.

가지처럼 줄기와 잎이 크게 자라는 채소는 포기 간격과 줄 간격을 어느 정도 여유롭게 잡을 필요가 있습니다. 촘촘하게 심으면 크게 자라지 못합니다.

반대로 파처럼 촘촘하게 심어야 잘 자라는 채소도 있습니다.

텃밭에서는 좁은 면적에 다양한 채소를 심으려다 이랑이 지나치게 빽빽해지는 경우가 많습니다. 그러면 바람이 잘 안 통하고 해가 잘 들지 않아 병충해가 발생하기 쉽습니다.

센티미터 단위까지 정확히 맞춰야 하는 것은 아니지만, 채소를 건강하게 키우기 위해서는 적당한 포기 간격과 줄 간격을 지키는 것이 중요합니다. 3장에서 채소별로 적당한 포기 간격과 줄 간격을 소개하겠습니다. 모종을 심을 때나 씨를 뿌릴 때 참고하세요.

감자는 포기 간격 30cm가 적당합니다. 이랑에 골을 파서 30cm 간격으로 씨감자를 놓고 흙을 덮은 다음 괭이 뒤쪽으로 눌러 줍니다.

유용한 팁

여름 채소를 심은 후에는 통풍과 보온에 신경 쓴다

바람에 약한 모종을 보호하여 뿌리내림을 돕는다

가지나 토마토 등 여름 채소는 5월 초에 아주 심기합니다. 그런데 모종이 바람에 노출되면 생장이 어려우므로 아주 심기가 끝나면 임시 지지대를 세워 모종이 바람에 흔들리지 않도록 하여 뿌리내림을 도와야 합니다. 비스듬한 지지대 하나를 세우고 줄기를 마 끈 등으로 느슨히 묶는 방법도 있지만, 저는 사진❶처럼 3개의 가는 막대(채소 잔해를 활용)를 질러서 모종을 고정하는 방법을 쓰고 있습니다.

심은 직후 한동안은 보호대를 활용해도 좋습니다(사진❷). 바람을 막아 주고 온기를 유지해 주므로 채소가 쉽게 뿌리내립니다. 또 해충을 막는 효과도 있습니다. 헌 비료 포대나 랩으로 보호대를 만들어 봅시다.

❶ 오크라, 가지 등을 비스듬히 세 방향으로 질러서 모종이 흔들리지 않도록 고정합니다. ❷ 모종 주위에 봉을 세우고 비닐로 둘러싸서 보호대를 만듭니다. 주방에서 쓰는 랩을 활용하면 편리합니다.

지지대로 채소의 생장을 돕는다

키 큰 채소, 덩굴 채소에는 지지대가 필요하다

키가 상당히 커지는 방울토마토, 덩굴을 뻗는 오이나 강낭콩을 키울 때는 지지대를 세워 줄기와 덩굴을 유인하면서 생장을 촉진해야 합니다. 줄기와 잎을 넓게 뻗는 가지를 키울 때도 지지대를 세우고 끈으로 줄기를 묶어 줍니다. 그러면 열매 무게 탓에 줄기가 처지는 것을 방지할 수 있습니다.

채소를 한 줄로 심었다면 지지대를 수직으로 세웁니다. 두 줄로 심었다면 지지대를 비스듬히 세워 상부에서 교차시키는 A자형이 좋습

❶ 지지대 지름이 16mm 정도는 되어야 안심할 수 있습니다. 토양에 따라 차이는 있지만 지표면에서 30cm 정도 깊이로 꽂으면 흔들리지 않습니다. ❷ 끈으로 단단히 묶거나 사진 속의 결속 용품을 이용하여 고정합니다. ❸ 덩굴성 채소를 키울 때는 지지대 위에 유인용 그물을 칩니다. ❹ 모종을 심고 이랑과 통로에 풀을 깝니다.

니다. A자형은 옆에서 불어오는 바람에 강한 구조입니다.

토마토나 오이는 2m, 가지나 고추는 1.5m 정도 높이로 지지대를 세우면 석당합니다.

덮개를 이용한다

냉기와 해충을 막고 흙이 마르는 것도 방지한다

한랭사,* 부직포, 방충망 등의 덮개를 이용하여 채소의 생육을 촉진할 수 있습니다.

기온이 낮은 초봄에 잎채소 등을 심을 때 한랭사나 부직포 터널을 이용하여 모종을 보온하면 초기 생육이 양호해집니다.

❶ 추운 계절에 채소를 키울 때는 한랭사나 부직포 터널을 이용하여 모종을 냉기와 해충으로부터 보호합니다. ❷ 씨를 뿌린 다음 한랭사와 부직포로 이랑을 덮습니다. 그러면 흙이 촉촉하게 유지되어 싹이 잘 틉니다. 해충도 방지할 수 있습니다.

◆ 가는 실로 거칠게 짜서 풀을 먹인 직물. 얇고 뻣뻣해서 장식, 커튼, 방충망 따위로 쓴다.

추동 채소는 대부분 벌레가 잘 꼬이는 십자화과 식물입니다. 그러므로 한랭사나 방충망으로 터널을 만들어 벌레를 피하는 것이 좋습니다.

부직포나 한랭사를 다른 도구 없이 이랑에 직접 덮어 두는 것도 괜찮습니다. 보온, 보습, 방충 효과는 동일합니다.

공영식물

함께 심으면 잘 자라는 채소들

섞어 심었을 때 둘 다, 혹은 한쪽이 더 잘 자라는 채소의 조합이 있습니다. 이런 관계의 작물들을 '공영식물'이라 합니다.

파 종류는 채소 대부분과 잘 맞습니다. 예를 들어, 가지 모종과 파를 함께 심으면 가지의 풋마름병*을 예방할 수 있습니다. 그러려면 파를 가지의 뿌리분** 주변에 심어 가지 뿌리와 파 뿌리가 서로 얽혀 자라도록 해야 합니다.

또 오이, 호박 등 박과 채소를 파 종류와 섞어 심으면 덩굴쪼김병***을 예방할 수 있습니다.

십자화과 채소와 국화과 채소도 섞어 심으면 좋습니다. 또 배추와

◆ 작물의 잎이나 뿌리 따위가 시들거나 썩는 병.
◆◆ 수목을 옮겨 심을 때 뿌리의 부분을 어느 정도의 크기를 가진 반구형으로 굴취하는데 이 반구형의 뿌리 덩어리를 뿌리분이라고 한다.
◆◆◆ 박과 채소의 줄기 부분이 갈라지고 진이 나와 시들어 죽는 병.

❶ 박과 채소 옆에 볏과의 풋거름 작물인 사탕수수를 심었더니 박과에 진딧물이 잘 꼬이지 않습니다(100쪽 참고). ❷ 토마토와 바질을 섞어 심었더니, 토마토의 해충이 줄어들었습니다.

쑥갓, 양배추와 양상추를 섞어 심으면 둘 다 해충이 잘 생기지 않습니다. 섞어짓기를 하면 한 가지 작물만 재배할 때보다 토양의 생물 활성도가 높아져 도질도 향상됩니다. 적극적으로 섞어짓기를 시도해 봅시다.

천적이 채소를 지킨다

생물상의 균형을 맞추는 자연의 구조

농약이나 화학 비료를 쓰지 않는 생태농법식 밭에는 다양한 생물이 모여듭니다. 채소를 갉아 먹는 곤충도 오지만 그것을 잡아먹는 천적(사마귀, 거미, 벌 등)도 많이 모여듭니다. 그래서 '먹고 먹히는' 먹이 사슬의 균형이 이루어져 채소의 피해가 줄어듭니다.

눈에 보이지 않는 천적도 있습니다. 사진 ②는 백강균에 감염되어 죽은 밤나방 유충입니다. 생태농법식 밭의 당근 줄기에 바짝 마른 채 붙어 있는 것을 발견했습니다. 이 밭에서는 가을만 되면 백강균이 늘어나 밤나방 유충을 전멸시킵니다. 이렇게 미라가 된 시체를 풀 위에 놓아 두면 이듬해에도 백강균의 포자가 밭에 퍼져 밤나방 유충을 해치울 것입니다.

흙 속에서도 다양한 미생물이 서로 대항하며 활동하는 덕분에 채소 뿌리를 갉아 먹는 미생물이 상대적으로 줄어들어서 채소가 건강하게 자라고 있습니다.

❶ 다양한 곤충을 잡아먹는 청개구리 ❷ 곤충 기생균의 일종(백강균)에 감염되어 죽은 밤나방 유충. 미라가 되었다.

생태농법이 지향하는 **무농약, 저 비료 밭의 선순환**

농약을 쓰지 않는다

- 비료를 되도록 쓰지 않는다.
- 공영식물을 활용한다.
- 천적이 서식하기 좋은 환경을 만든다.

▼

병충해가 줄어든다

맛있는 채소가 만들어지는 선순환

토양 미생물을 늘린다

- 미생물에게 먹이(유기물)를 공급한다.
- 밭에 여러 채소를 심는다.
- 채소 뿌리와 풀뿌리를 흙 속에 남긴다.
- 유기물 멀치로 지속적으로 토질을 보강한다.

▼

토양의 떼알화가 진행된다

채소 뿌리를 발달시킨다

- 경반층을 허문다.
- 되도록 밭을 갈지 않는다.
- 식초 물과 왕겨 훈탄을 활용한다.

▼

채소가 건강하게 자라 맛있는 열매를 맺는다

표층에는 유기물과 미생물이 풍부하다

표층 5cm는 신선한 공기와 유기물이 풍부한 곳, 활동성 높은 미생물과 채소 뿌리가 공생하는 곳이다. 떼알 구조도 발달해 있다.

생태농법식 밭의 이미지

벼과 식물

콩과 식물

유기물 멀치

뿌리의 양이 많아진다

뿌리를 마음껏 뻗을 수 있는 환경이 갖춰져 있다. 뿌리가 스스로 필요한 양분과 수분을 조달하므로 비료에 의존하지 않아도 된다.

공기

수분

경반층을 허문다

이랑을 만들기 전에 경반층부터 허무는 것이 생태농법 방식이다. 그래야 물과 공기가 아래위로 잘 통해 밭의 생물 활성도가 높아진다.

제3장

생태농법식
채소 재배법

※ 파종 시기 및 재배 일정은 지역에 따라 편차가 있습니다.
  잇따른 기후 변화로 인해 부모님 세대가 체득했던 정보도 확인이 필요합니다.
  해당 지자체 농업 기술 센터 홈페이지, 유튜브 등 인터넷을 통해 최신 정보를 확인하고
  현재 농사를 짓고 있는 이웃에 조언을 구하길 바랍니다.

01 방울토마토 [가짓과]

눕혀 심고 줄기를 45도로 유인하면 맛도 좋아지고 병에도 강해진다

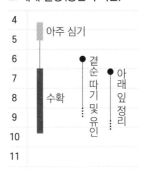

■ 재배 일정(중간지 기준)

월	
4	아주 심기
5	
6	곁순 따기 및 유인 / 아래 잎 정리
7	수확
8	
9	
10	
11	

늦서리가 끝난 5월 초에 모종을 심습니다. 5월 중순이 지나 기온이 높아지면 씨를 밭에 직접 뿌려도 됩니다. 가을까지 열매를 딸 수 있지만 적당한 시기에 거둬들여서 이랑을 비우고 다른 작물을 심읍시다.

이랑의 크기 폭 약 80cm, 높이 약 20cm
배수가 잘되는 건조한 환경을 좋아하므로 점토질 밭이라면 이랑을 높게 만듭니다.

심는 법 포기 간격 45~50cm, 두 줄 어긋 심기
모종을 W자를 그리듯 서로 어긋나게 심습니다. 그러면 일조와 통풍이 좋아지고 뿌리를 뻗을 공간도 확보할 수 있습니다.

공영식물
파와 바질은 방울토마토의 질병을 예방하고, 생강은 물을 잘 빨아들이므로 건조한 땅을 좋아하는 방울토마토의 생육에 도움이 됩니다.

추천하는 이어짓기 작물
해마다 같은 이랑에서 방울토마토와 완두콩을 번갈아 키우면 해가 갈수록 방울토마토와 완두콩이 더 맛있어질 것입니다.

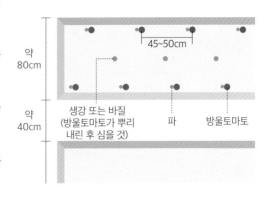

약 80cm · 약 40cm · 45~50cm · 생강 또는 바질 (방울토마토가 뿌리 내린 후 심을 것) · 파 · 방울토마토

68

방울토마토는 중남미의 고지대 출신이라 비가 적어 건조한 기후와 양분이 적어 메마른 토양을 좋아합니다. 따라서 텃밭에서 방울토마토를 키우려면 밭에서 해가 가장 잘 들고 흙이 가장 메마른 곳을 선택해야 합니다. 땅의 경사를 관찰하여 가장 높은 곳에 방울토마토 이랑을 만듭시다.

배수가 좋은 모래질 땅이라면 이랑을 낮게 만들고, 점토질 밭이라면 높이 20~30cm의 이랑을 만들어 빗물이 잘 흘러내리도록 합니다. 그래야 토양의 생물 활성도가 높아져 방울토마토가 뿌리를 잘 뻗고 잘 자랍니다.

화학 비료로는 방울토마토를 재배하기가 어렵습니다. 질소가 너무 많으면 가지만 무성해지고 열매가 부실해지며 병충해가 잘 생기기 때문입니다. 다양한 미생물이 활동하는 이랑에 뿌리를 단단히 내리도록 해야 방울토마토 재배가 편해집니다.

● 발효 부엽토나 부숙 거름을 줄 경우, 이랑 1m²에 거름 약 1L를 섞으면 됩니다.

모종 심기

눕혀서 심으면 뿌리 양이 늘어나 건강해진다

방울토마토 모종은 눕혀서 심는 것이 좋습니다. 그렇게 하면 흙 속에 묻힌 줄기에서도 실뿌리가 나와 줄기가 더 튼튼해집니다.

5월 초쯤 갠 날을 골라 모종을 심습니다. 저녁에 심는 것이 좋다는 사람도 있지만, 오전이든 오후든 상관없습니다. 자신의 텃밭이니 자신의 형편에 맞게 하면 됩니다.

또 하나의 요령은 모종에 2~3일 전부터 물을 주지 않아 조금 시들시들해지게 만들고, 심기 직전에 식초 물을 화분 바닥으로 흡수시키는 것입니다. 그리고 모종 두 줄 중 한 줄은 남향으로, 다른 한 줄은 북향으로 눕혀 심습니다. 그 이유는 71쪽에서 이야기하겠습니다.

이랑 끝에 심는다

2~3일간 물을 주지 않다가 심기 전에 바닥으로 물을 준다

심기 전 2~3일간 물을 주지 않음으로써 자신이 건조한 지방 출신이라는 사실을 상기시킵니다. 물로 300배 희석한 양조 식초에 화분을 담가 바닥을 통해 식초 물을 충분히 흡수시킵니다.

파와 함께 모종을 눕혀 심는다

❶ 구멍을 판 다음, 모종의 뿌리분이 올 자리에 파 뿌리를 먼저 눕힙니다. ❷ 방울토마토 모종을 눕힙니다. ❸ 땅에 묻힐 부분의 잎은 미리 자릅니다. ❹ 줄기 끝만 땅 밖으로 내고 뿌리분과 줄기 대부분을 묻습니다.

> ### 포인트 줄기가 굵은 모종은 뿌리의 흙을 털어 내고 심는다
>
> 줄기가 굵은 모종을 그대로 심으면 나중에 후회합니다. 뿌리분에 비료가 많이 포함되어 있어서 가지가 웃자라기 때문입니다. 그럴 때는 손으로 뿌리를 훑어서 흙을 털어 낸 다음에 구멍 속에 눕혀
>
> 심습니다. 실뿌리가 끊어져도 새로운 뿌리가 나오니 괜찮습니다.
> ➡ 가지가 웃자라거나 꽃이 일찍 떨어져서 열매가 열리지 않는 사태를 방지한다.

심자마자 보호대를 둘러 모종을 보호한다

심은 후에는 물을 주지 않습니다. 물을 주면 흙이 식어서 방울토마토에게 좋지 않습니다. 또 방울토마토 모종은 서리를 맞으면 죽으니 심자마자 비닐 보호대로 둘러싸서 늦서리를 피하도록 합니다. 보호대는 온기를 지켜 줄 뿐만 아니라 강한 바람도 막아 줍니다. 기온이 올라가 방울토마토가 사진처럼 보호대보다 커지면 보호대를 제거합니다.

곁순 따기, 비스듬히 유인하기

곁순을 부지런히 따서 원줄기◆ 하나만 남긴다

방울토마토의 잎 밑동에서는 곁순이 계속 올라옵니다. 부지런히 다 따서 원줄기에 양분을 집중시키고 생장을 촉진합시다.

　지지대를 수직으로 세워 줄기를 유인하는 것이 일반적이지만 저 는 비스듬한 방향으로 유인하는 방법을 추천합니다. 원래 방울토마토 는 지면을 기면서 자라는 식물이므로 수직 방향으로 유인하면 스트레

◆ 근본을 이루는 줄기.

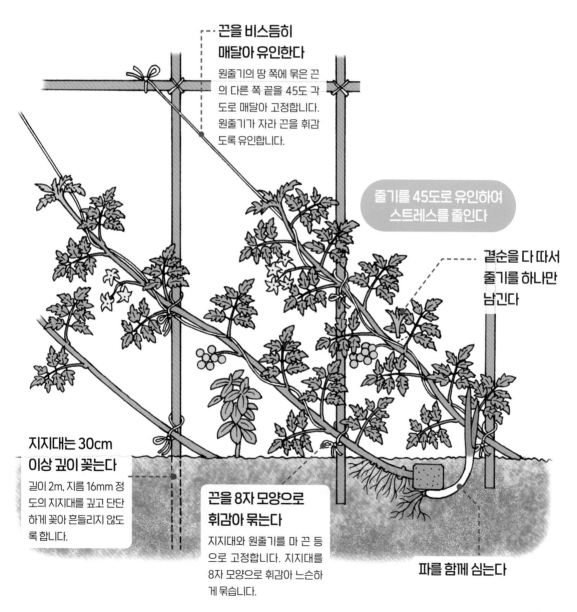

끈을 비스듬히 매달아 유인한다
원줄기의 땅 쪽에 묶은 끈 의 다른 쪽 끝을 45도 각 도로 매달아 고정합니다. 원줄기가 자라 끈을 휘감 도록 유인합니다.

줄기를 45도로 유인하여 스트레스를 줄인다

곁순을 다 따서 줄기를 하나만 남긴다

지지대는 30cm 이상 깊이 꽂는다
길이 2m, 지름 16mm 정 도의 지지대를 깊고 단단 하게 꽂아 흔들리지 않도 록 합니다.

끈을 8자 모양으로 휘감아 묶는다
지지대와 원줄기를 마 끈 등 으로 고정합니다. 지지대를 8자 모양으로 휘감아 느슨하 게 묶습니다.

파를 함께 심는다

기본

곁순이 나오면 곧바로 딴다

밭에 갈 때마다 곁순을 땁니다. 가위를 쓰지 않고 손으로 따야 합니다. 병원균을 가진 가지가 있으면 가위를 통해 병이 퍼지기 때문입니다.

양분이 과한 듯하면 곁순을 조금 키워서 자른다

곁순이 진한 녹색이라면 흙에 질소 성분이 너무 많다는 뜻입니다. 이럴 때는 곁순을 크도록 내버려 두다가 본잎*이 서너 장 나온 뒤에 청결한 가위로 자릅니다. 질소를 소비하기 위한 방법입니다.

스를 받기 때문입니다. 한편 45도 각도로 유인하면 과실의 크기도 커지고, 맛도 진해집니다.

이랑 끝의 방울토마토 줄기는 옆줄 지지대로 유인합니다. 줄기가 나선처럼 돌아간다고 생각하면 됩니다. 모종을 남향과 북향으로 나누어 두 줄로 심는 것도 이 때문입니다.

수확 및 아래 잎** 따기

열매가 빨갛게 익으면 수확하고 아래 잎 세 장도 함께 딴다

꽃이 핀 후 약 45일이 지나면 방울토마토를 수확할 수 있습니다. 열매가 새빨갛게 익으면 수확할 때가 된 것입니다. 갓 수확한 완숙 방울토마토에서는 무척 좋은 향기가 납니다.

화학 비료로 키운 방울토마토와 달리, 생태농법식 이랑에서 키운 방울토마토는 당도와 산미의 균형이 맞아서 맛이 매우 진한 것이 특

◆ 떡잎 뒤에 나오는 잎. 본엽이라고도 한다.
◆◆ 식물의 아랫부분에서 자란 잎.

열매(❹)를 수확할 때 그 밑에 있는 세 개의 가지에 난 잎(❶❷❸)도 잘라 주면 통풍이 잘됩니다. 지금까지 설명한 유인, 곁순 따기, 아래 잎 따기는 방울토마토 재배에서 매우 중요한 작업입니다.

징입니다. 과도한 양분을 흡수하지 않고 스스로 필요한 만큼만 균형 있게 받아들이며 자란 덕분일 것입니다.

열매를 딸 때는 그 밑에 있는 가지 세 개에 난 잎도 잘라 줍니다. 방울토마토를 관찰해 보면, 잎이 세 장 나올 때 꽃받침이 하나 나오는 것을 알 수 있습니다. '잎 세 장+꽃받침 한 개'가 한 묶음입니다. 따라서 열매를 따면 아래 가지 세 개에 난 잎은 쓸모가 없어집니다. 남아 있어도 양분과 수분만 소모하므로, 제거하여 위쪽의 열매에 에너지를 집중시킵시다. 아래 잎을 제거하면 통풍도 원활해져서 방울토마토의 생육에 도움이 됩니다.

방울토마토는 웃거름*이 필요 없다

웃거름을 주는 대신 고랑에 보릿짚이나 마른풀 등을 깐다

생태농법식 이랑에서는 방울토마토뿐만 아니라 모든 채소에 거의 웃거름을 주지 않습니다. 그 대신 고랑에 보릿짚과 마른풀 등을 깔아 토

◆ 농작물에 첫 번째 거름을 준 뒤 밑거름을 보충하기 위하여 더 주는 비료.

생태농법식 방울토마토 이랑. 고랑에 보릿짚 등 유기물을 깔아 두면 토양의 생물 활성도가 높아집니다. 채소를 키우는 중에 고랑에 삽질을 하여 공기를 넣어 주면 생물 활성도가 더욱 높아집니다. 보릿짚 외에 사탕수수, 갈대, 양미역취 등을 깔아도 좋습니다. 다만 볏짚은 물컹해져서 흙이 질척해지기 쉬우므로 쓰지 않습니다.

양 미생물을 활성화합니다. 보릿짚 등이 분해되면 자연스럽게 양분을 방출하므로 웃거름이 필요 없는 것입니다.

단, 밭에 남아 있던 양분이 생각 외로 강력하여 가지가 웃자랄 때가 있습니다. 그럴 때는 아래의 '포인트'를 참고하세요. 하지만 비료 없이 채소를 계속 키우다 보면 그런 걱정도 금세 사라질 것입니다.

🔖 포인트 배꼽썩음병, 가지 웃자람, 꽃 떨어짐은 뿌리를 찔러서 해결한다

비료 성분이 너무 많아 토양의 양분 균형이 깨지면 열매의 아랫부분이 썩기 시작합니다. 그런 방울토마토는 줄기도 굵습니다. 그럴 땐 곁순을 키워 양분을 소모한 후 자르거나 더 크게 키워 원줄기를 둘로 나누어 양분을 분산시킵니다. 또, 과다한 양분을 흡수하지 않도록 뿌리를 끊는 것도 효과적입니다. 그루터기 주변의 한두 곳에 모종삽을 푹 찔러서 뿌리를 끊으면 됩니다.

가지가 웃자라고 꽃이 일찍 떨어져 버린 방울토마토의 모습입니다. 뿌리를 끊을 때는 흙에 묻힌 원줄기를 자르지 않도록 찌를 위치를 잘 정해야 합니다.

가지 [가짓과]

오랫동안 맛있는 열매를 수확하며 웃거름 없이 거의 방치해도 되는 편한 채소

■ 재배 일정(중간지 기준)

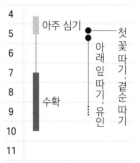

4	아주 심기
5	첫 꽃 따기·곁순 따기
6	아래 잎 따기, 유인
7	
8	수확
9	
10	
11	

5월 초에 아주 심기합니다. 5월 중순이 지나 기온이 올라가면 밭에 씨를 직접 뿌려도 됩니다. 첫 꽃이 피면 따 버리고, 그 위의 줄기를 키웁니다. 서리가 내릴 때까지 밭에 두고 열매를 수확해도 됩니다.

이랑의 크기 폭 약 90cm, 높이 약 10cm

습기를 좋아하므로 기본적으로 낮은 이랑이 적합합니다. 단, 배수가 잘 안 되는 밭이라면 약간 높은 이랑을 만듭니다.

심는 방법 포기 간격 50cm, 한 줄 심기

가지와 잎을 넓게 뻗으므로 이랑 중앙에 50cm 간격으로 한 줄 심기합니다. 모종을 다 심은 뒤 지지대를 각각 세워 줍니다.

공영식물

병충해를 예방하기 위해 파를 섞어 심습니다. 또 콩과(땅콩, 덩굴 없는 강낭콩, 풋콩) 작물을 섞어 심으면 양분 공급이 원활해집니다.

추천하는 이어짓기 작물

해마다 같은 이랑에서 가지와 십자화과 채소를 번갈아 키우면 좋습니다.

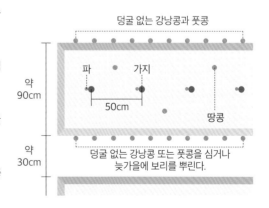

덩굴 없는 강낭콩과 풋콩

파   가지

50cm

땅콩

약 90cm

약 30cm

덩굴 없는 강낭콩 또는 풋콩을 심거나 늦가을에 보리를 뿌린다.

가지는 인도 동부의 습한 열대 지역 출신입니다. 그래서 무더운 여름이 가지 재배에 안성맞춤입니다. 텃밭에서 해가 제일 잘 들고 습한 곳에 낮은 이랑을 만들고 이랑 한가운데에 모종을 한 줄로 심습니다. 토마토처럼 높은 이랑에 심으면 날씨가 건조할 때 시들어 버립니다.

일반적인 밭에서는 가지 이랑에 비료를 듬뿍 주고 웃거름도 주지만 생태농법식 이랑에서는 뿌리가 깊이 자라게 하기 위해 웃거름을 생략합니다. 기본적으로는 물을 줄 필요도 없습니다. 그 대신, 이랑 가장자리에 콩과 작물을 심고 고랑에 보릿짚이나 풀을 깝니다. 이렇게만 하면 꾸준히 맛있는 열매를 얻을 수 있습니다.

● 발효 부엽토나 부숙 거름을 줄 경우, 이랑 $1m^2$에 거름 약 3L를 섞으면 됩니다. 고랑에는 1m당 1L의 발효 부엽토를 뿌리고 보릿짚을 깝니다.

모종 심기

모종은 늦서리를 걱정하지 않아도 되는 5월 초에 심는 것이 좋습니다.

뿌리를 깊이 뻗어야 잘 자라므로 토마토처럼 뿌리분을 털지 않고 똑바로 심습니다. 또, 잎과 줄기를 넓게 펼치므로 이랑 한가운데에 한 줄로 심습니다. 심기 전에는 물로 300배 희석한 양조 식초를 화분 바닥으로 듬뿍 흡수시킵니다.

심기 전에 구멍에 물을 부으면 구멍의 흙 표면에 막이 생겨 통기성이 나빠집니다. 또 생물 활성도가 낮아져 뿌리가 잘 발달하지 않으니 물을 주지 않고 곧바로 뿌리분을 묻습니다.

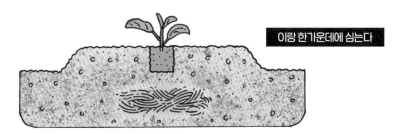

이랑 한가운데에 심는다

파를 섞어 심는다

❶ 구멍을 뿌리분보다 크게 파서 파와 함께 심습니다. ❷ 흙과 뿌리분 사이에 빈틈이 없도록 흙으로 덮고 손으로 잘 눌러 줍니다. 물은 주지 않습니다.

풋콩

땅콩

풋콩과 땅콩을 섞어 심는다

모종이 뿌리내린 후 이랑 바로 옆에 콩을 심고 발로 잘 밟아 줍니다. 콩과의 뿌리에 공생하는 뿌리혹박테리아*가 공기 중의 질소를 붙잡아 두므로 가지 모종에 양분이 잘 공급될 것입니다. 자연이 웃거름을 주는 셈입니다.

아래 잎을 자른 후로는 거의 방치

❶ 첫 꽃이 피면 따 버립니다. 꽃봉오리일 때 따도 됩니다. ❷ 아래 잎을 남기고 곁순만 따는 사람도 있지만 생태농법에서는 아래 잎(동그라미)까지 자릅니다. 그래야 양분을 위쪽으로 몰아줄 수 있고, 바람이 잘 통할 뿐만 아니라 잎에 진흙이 붙어 병이 생길 위험도 없어집니다. 그때부터는 거의 내버려 두면 됩니다.

◆ 뿌리의 조직을 군데군데 크고 뚱뚱하게 만드는 박테리아. 근립균이라고도 한다.

곁순 따기와 아래 잎 따기

곁순을 부지런히 따고 두세 번째 꽃이 피면 아래 잎을 딴다

뿌리를 내려 본잎이 나기 시작하면 잎 밑동에서 곁순이 나옵니다. 곁순을 부지런히 따서 줄기의 생장에 양분을 집중시킵니다.

본잎이 일고여덟 장 나면 첫 꽃이 피는데 그것도 따 버립니다. 두세 번째 꽃이 피면 처음 피었던 꽃보다 밑에 있는 잎을 전부 가위로 잘라 제거합니다.

아래 잎을 따면 통풍이 개선되고 땅바닥에 해가 들어 흙 온도가 올라갑니다. 그러면 줄기 표면이 금세 딱딱해지고 갈색으로 변해서 노린재 피해도 줄일 수 있습니다.

가지를 45도로 매단다

균형 있게 생장하며 열매를 꾸준히 맺는다

아래 잎을 자르고 나면 원줄기와 두세 개의 곁줄기가 자연스럽게 자라서 열매를 맺기 시작합니다. 열매 무게로 곁줄기가 처지지 않도록 지지대에 끈으로 줄기를 매달아 줍시다. 곁줄기의 각도는 45도가 적당합니다.

가지는 열매 무게로 줄기가 처지면 생식 생장(꽃눈을 만들고 열매를 맺는 일)에 집중하고, 열매를 수확하여 줄기가 가벼워지면 영양 생장(줄기를 자라게 하는 일)에 집중하는 특징이 있습니다. 줄기를 45도로 매달아 주면 둘의 균형이 맞아 꾸준하게 열매를 맺을 수 있습니다. 지지대를 V자로 세워도 되지만 79쪽 그림처럼 끈으로 줄기를 매다는 방법을 쓰면 지지대가 하나만 있어도 됩니다.

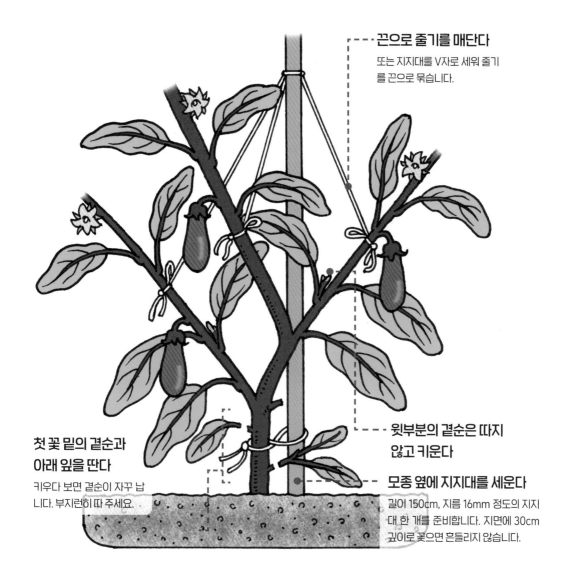

끈으로 줄기를 매단다
또는 지지대를 V자로 세워 줄기를 끈으로 묶습니다.

윗부분의 곁순은 따지 않고 키운다

모종 옆에 지지대를 세운다
길이 150cm, 지름 16mm 정도의 지지대 한 개를 준비합니다. 지면에 30cm 깊이로 꽂으면 흔들리지 않습니다.

첫 꽃 밑의 곁순과 아래 잎을 딴다
키우다 보면 곁순이 자꾸 납니다. 부지런히 따 주세요.

웃거름을 주지 않아도 오랫동안 열매를 맺는다

크기도 잎도 작지만 맛있는 열매를 얻을 수 있다

화학 비료를 쓰는 밭에서는 웃거름을 계속 주면서 열매를 따는 것이 보통입니다. 그러나 생태농법식 밭에서는 양분을 비료로 충당하지 않습니다.

그래서 키도 작고 잎 크기도 화학 비료로 키우는 밭의 절반 정도로 작습니다. 그러나 가지로서는 충분한 크기까지 자란 것이니 걱정하지

❶ 생태농법식 밭에서 키운 가지입니다. 이번에는 줄기가 웃자라지 않아서 스스로 크는 만큼 크게 내버려 둔 채, 열매가 익는 대로 수확하는 매우 단순한 방식으로 키웠습니다. '곁줄기 첫 열매 따기' 나 '가지치기' 같은 작업은 필요 없습니다. 만약 가지와 잎이 너무 무성해졌다면, 가는 곁줄기만 살짝 잘라서 정리하면 됩니다. ❷ 공영식물인 덩굴 없는 강낭콩이 자라서 가지에 양분을 공급하고 있습니다. ❸ 꽃이 핀 지 20일 정도 된 어린 열매를 가위를 사용해 부지런히 수확합니다.

않아도 됩니다. 오히려 훨씬 맛있는 열매를 꾸준히 수확할 수 있으니 안심하시기 바랍니다.

또, 영양이 과다한 일반 밭의 가지와는 달리 생태농법식 밭의 가 지는 병충해에 강합니다. 뭐니 뭐니 해도 자연에 맡기는 것이 최고입 니다.

뿌리를 확실히 내려서 흙의 힘으로 성장하므로 병충해를 입지 않고 맛있는 열매를 맺는다

채소는 원래 흙이 키우는 것입니다. 여기서 말하는 '흙'이란 다양한 미생물이 활동하는 살아 있는 흙입니다. 식물이 건강하게 자라는 자연의 흙이 그 최고의 견본입니다.

21~28쪽에서 설명한 생태농법식 이랑이든 46쪽에서 설명한 발효 부엽토 이랑이든 관계없이, 농사에 활용하는 모든 유기물은 채소에 직접 주는 것이 아니라 흙 속 미생물에게 주는 것입니다. 유기 비료의 목적은 미생물을 활성화시키고 늘리는 것입니다.

경반층을 허무는 것, 한번 세운 이랑을 되도록 갈지 않고 계속 이용하는 것, 풀과 채소 뿌리를 흙 속에 남겨 두는 것도 전부 미생물을 활성화하기 위한 일입니다.

미생물이 활성화된 흙에서 자라는 채소는 뿌리를 깊고 넓게 뻗어 미생물과 공생하면서 스스로 필요한 양분을 조달하려고 노력합니다. 그렇게 스스로 애써서 양분을 균형 있게 흡수한 덕분에 건강하게 자라 맛 좋은 열매를 맺는 것입니다.

한편 비료를 계속 주어 양분 균형이 무너진 밭에서 자라는 채소에는 병충해가 생기기 쉽습니다. 그것이 흙의 힘으로 자라는 채소와 비료의 힘으로 자라는 채소의 가장 큰 차이입니다.

다양한 생물군도 중요하다!

밭에 한 가지 채소만 심지 말고 여러 채소를 심읍시다. 풀까지 포함하여 다양한 식물이 자라는 흙 속에는 그만큼 다양한 생물들이 존재합니다. 이렇게 하면 이어짓기 장애도 생기지 않습니다.

흙의 생물 활성도를 높이면 크기와 잎은 작아도 맛있는 열매를 맺는다

생태농법식 밭의 가지 이랑입니다. 자라난 풀을 적당히 베어 이랑과 고랑에 깔아 두면 생물 활성도가 높아져 가지가 더 잘 자랄 것입니다. 이 밭에서는 가지치기를 하지 않아도 꾸준히 맛있는 가지를 얻을 수 있습니다.

피망 [가짓과]

이랑과 고랑에 풀을 깔고 콩류를 섞어 심으면
거의 방치해도 꾸준히 열매를 얻을 수 있다

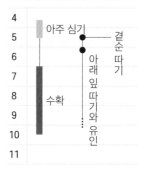

■ 재배 일정(중간지 기준)

4	
5	아주 심기 · 겯순 따기
6	아래 잎 따기와 유인
7	수확
8	
9	
10	
11	

5월 초에 아주 심기합니다. 5월 중
순을 지나, 날이 더워지면 밭에 씨
를 직접 뿌려도 됩니다. 두세 번째
꽃이 피면 아래 잎을 따고 위쪽 가
지를 키웁니다. 서리가 내릴 때까
지 계속 수확할 수 있습니다.

이랑의 크기 폭 80cm, 높이 20cm
배수가 안 되는 밭이라면 이랑을 높이 세웁니다.

심는 법 포기 간격 50cm, 두 줄 어긋 심기
W자를 그리듯 서로 어긋나게 심습니다. 일조와 통풍이 좋아지고
뿌리를 뻗을 공간도 확보됩니다.

공영식물
파는 피망의 풋마름병을 예방합니다. 이랑 한가운데에 루꼴라를
심어도 좋습니다. 단, 루꼴라는 피망이 뿌리를 내린 후에 심어야 합
니다.

추천하는 이어짓기 작물
해마다 같은 이랑에서 피망과 십자화과 채소를 번갈아 키우면 좋
습니다.

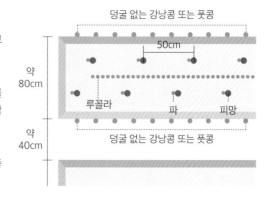

덩굴 없는 강낭콩 또는 풋콩

50cm

약 80cm

루꼴라   파   피망

약 40cm

덩굴 없는 강낭콩 또는 풋콩

피망의 원산지는 중남미의 건조한 지역입니다. 토양이 매우 메마른 곳이지요. 그래서 피망은 수분도 양분도 그다지 필요로 하지 않습니다. 단, 텃밭에서 오랫동안 맛있는 열매를 수확하려면 양분과 수분을 충분히 흡수할 수 있는 환경을 만들어야 합니다.

일단 피망은 뿌리가 썩기 쉬우므로 이랑을 높게 만들어야 합니다. 심은 뒤 완전히 뿌리를 내리면 이랑 표면에 보릿짚이나 풀을 가볍게 깔아 보온합니다. 모종은 두 줄로 심되 약간 가운데로 붙여(즉 유기물 묻은 곳에 가깝게) 심습니다. 콩과 식물을 섞어 심고 고랑에도 보릿짚과 풀을 깔아 생물 활성도를 높입니다.

양분과 수분이 충분하면 웃거름을 주지 않아도 늦가을까지 열매를 계속 맺을 것입니다.

● 발효 부엽토나 부숙 거름을 줄 경우, 이랑 1m²에 거름 약 3L를 섞고 고랑 1m에 거름 1L를 섞으면 됩니다. 고랑에는 보릿짚 등을 깝니다.

모종 심기

모종을 심은 후 반드시 지지대와 보호대를 설치한다

물로 300배 희석한 양조 식초를 화분 바닥으로 흡수시킨 뒤 심습니다. 다 심었으면 모종 옆에 지지대를 하나 세우고 피망 줄기가 열매 무게로 인해 처지거나 부러지지 않도록 끈으로 매달아 줍니다. 피망 모종은 특히 추위에 약하므로 심자마자 비닐 보호대를 세워야 합니다. 보호대로 강풍도 피할 수 있습니다.

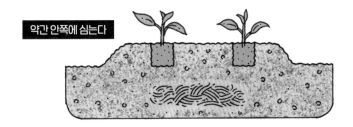
약간 안쪽에 심는다

보온 대책을 실시한다

피망 모종은 추위에 약하므로 일찍 심을 경우, 보온 대책이 필수입니다.

아래 잎을 자른 뒤에는 내버려 둬도 된다

생태농법식 밭에서는 가지치기가 필요 없다

본잎이 일고여덟 장 나면 첫 꽃이 핍니다. 첫 꽃은 따 버리고 그 밑에서 나오는 곁순도 전부 다 땁니다. 두세 번째 꽃이 피면 열매보다 밑에 있는 잎을 전부 자릅니다. 그런 다음 가지와 마찬가지로 내버려 두

두 번째 꽃이 피면 손질한다

❶ 두 번째 꽃이 필 무렵 아래 잎을 전부 제거합니다(동그라미). ❷ 청결한 가위로 자릅니다. ❸ 한창 수확할 때의 모습입니다. 열매의 무게로 인해 가지가 처지지 않도록 끈으로 매답니다.

피망은 가지가 약하므로 열매를 손으로 비틀어 따려고 하면 가지가 부러질 수 있습니다. 깨끗한 가위를 사용하세요.

면 됩니다.

화학 비료를 많이 주는 농법과는 달리 줄기가 웃자라지 않으니 가지치기도 필요 없습니다. 적당한 속도로 맛있는 열매를 따기만 하면 됩니다.

부지런히 수확한다

꽃이 피고 20일 후 수확할 수 있으니
일찍 수확하여 줄기의 부담을 줄인다

피망은 사계절 내내 꽃이 피고 열매를 맺습니다. 꾸준히 열매가 맺히므로 제때에 수확해야 합니다. 열매가 너무 커지면 줄기가 처집니다.

개화 후 20일쯤 되면 어린 열매를 땁니다. 그리고 줄기와 잎이 빽빽해진 부분이 있으면 안쪽의 가는 곁줄기를 적당히 솎아서 바람이 잘 통하도록 만듭니다.

04 / 오이 [박과]

열매를 따면서 아래 잎을 깔끔하게 제거하면
맛 좋은 오이를 오랫동안 먹을 수 있다

■ 재배 일정(중간지 기준)

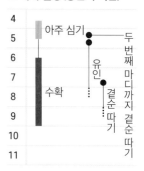

5월 초에 아주 심기합니다. 심은 뒤 한 달이면 수확이 시작됩니다. 그 후로도 지지대를 세우고 그물을 쳐서 덩굴을 유인하면서 계속 키우면 됩니다. 5월 중순을 지나 기온이 높아지면 밭에 직접 씨를 뿌릴 수 있습니다.

이랑의 크기   폭 90cm, 높이 약 10cm

이랑을 높여 배수를 돕습니다. 특히 점토질 밭에서는 이랑을 높게 만들어야 합니다.

심는 법   포기 간격 45~50cm, 두 줄 어긋 심기

W자를 그리듯 서로 어긋나게 심으면 해가 잘 들고 바람이 잘 통합니다. 지지대를 세우고 그물을 칩니다.

공영식물

파는 오이의 병을 예방합니다. 이랑 가장자리에 보리를 심으면 비가 많이 오더라도 보리가 물을 빨아들여 과도한 습기를 방지합니다.

추천하는 이어짓기 작물

해마다 같은 이랑에서 오이와 완두콩, 또는 오이와 십자화과 채소를 번갈아 키우면 좋습니다.

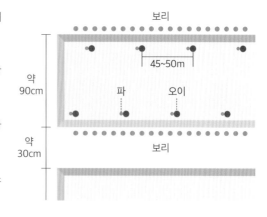

오이의 원산지는 인도와 네팔의 히말라야산맥입니다. 기후가 비교적 온난하고 비가 많이 내리는 곳이죠. 그래서 뿌리가 수분과 산소를 특히 많이 필요로하므로 산소가 풍부한 표층에 뿌리를 뻗으며 자라는 특징이 있습니다.

뿌리가 얕아서 건조한 기후에도 약하고 과도한 습기에도 약하므로, 텃밭에서 기르려면 물이 잘 빠지고 바람이 잘 통하는 이랑을 세우는 동시에 지면에 풀과 낙엽 등을 깔아 뿌리를 보호합니다.

물과 비료를 많이 주어 키우는 방법도 있지만, 뿌리를 잘 발달시키고 보호하기만 하면 웃거름도 물도 주지 않고 거의 방치하면서 키울 수 있습니다.

● 발효 부엽토나 부숙 거름을 줄 경우, 이랑 1m²에 거름 약 3L를 섞고 고랑 1m당 거름 약 1L를 섞으면 됩니다. 고랑에는 보릿짚 등을 깝니다.

모종 심기

5월 초에 모종을 심습니다. 심기 전에는 물로 300배 희석한 양조 식초를 화분 바닥으로 흡수시킵니다.

오이 모종은 토마토처럼 이랑 가장자리에 심습니다. 이때는 뿌리분이 이랑 표면에 1cm쯤 튀어나오도록 얕게 심는 것이 포인트입니다. 틈새에 흙을 채우고 손으로 누른 다음, 튀어나온 뿌리분 위에 주변의 흙을 가져와 북주기합니다.

이런 식으로 얕게 심으면 오이의 뿌리가 잘 자랍니다. 흙 속에 공기가 들어가서 오이의 뿌리가 충분히 호흡할 수 있기 때문입니다. 뿌리가 활성화되어 순조롭게 뻗어 나가므로 흙 속 생물 활성도도 높아집니다.

호박, 수박, 주키니 등 모든 박과 채소는 얕게 심는다는 사실을 기억해 둡시다.

이랑 끝에 얕게 심는다

파를 곁들여 심는다

파를 섞어 심으면 덩굴쪼김병을 예방할 수 있습니다. 파 뿌리 위에 오이 뿌리분을 놓고 흙을 덮습니다.

지지대를 세우고 덩굴을 유인한다

수직 방향으로 유인하면 스트레스를 받으니 비스듬히 유인한다

모종을 심은 후 지지대를 세워 오이의 덩굴을 유인합니다. 텃밭에서는 주로 지지대와 원예용 그물을 쓰지만, 71쪽에서처럼 끈으로 매달아도 편리합니다. 방법은 다양하니 마음에 드는 방법을 쓰면 됩니다.

또 끈으로 매달 경우, 사선 방향으로 유인하면 열매가 실해집니다. 영양 성장과 생식 성장이 균형을 이루는 각도가 45도인 듯합니다. 오이 덩굴은 원래 땅을 기게 되어 있으므로 수직 방향으로 유인하면 스트레스를 받기 때문입니다.

두 줄로 심을 때

A자형으로 지지대를 엮고 원예용 그물을 치는 방법입니다. 강풍도 견딜 수 있는 튼튼한 구조입니다.

한 줄로 심을 때

지지대를 수직으로 세우거나 사진처럼 비스듬히 세우고 원예용 그물을 칩니다.

그물로 덩굴을 유인한다

❶ 갓 심은 모종은 바람에 약하므로 줄기를 마 끈 등으로 그물에 묶어 고정합니다. 끈이 줄기를 파고들지 않도록 느슨하게 묶습니다.
❷ 덩굴이 그물을 타고 오릅니다. 자연스럽게 45도 각도로 올라갑니다.

두 번째 마디까지 곁순 따기

거의 가지치기하지 않고 자연에 맡겨도 된다

덩굴성 식물인 오이에는 원래 곁순 따기, 어미 덩굴* 순지르기** 등 다양한 가지치기가 필요하지만, 생태농법식 밭에서는 덩굴이 자라고 싶은 대로 자라게 두었다가 열매가 열리면 따는 단순한 방식을 씁니다.

곁순은 두 번째 마디까지만 땁니다. 세 번째 마디부터는 자유롭게 자라도록 두어 아들 덩굴을 늘립니다. 첫 번째 마디와 두 번째 마디의 곁순을 따는 이유는 육묘*** 초기 단계에서 모종이 스트레스를 받았을 가능성이 크므로 그때 나온 순이 아들 덩굴이 되었을 때 좋은 열매를 맺을 수 있을지 의심스럽기 때문입니다. 반면 세 번째 마디 이후의 곁순은 훌륭한 아들 덩굴이 되어 많은 열매를 맺을 것입니다.

그 후에는 마음대로 크도록 내버려 둡니다. 일곱 번째 마디에서 어미 덩굴의 순을 지르라는 사람도 있지만 그냥 두어도 됩니다.

그러다 보면 한 마디에 수꽃이 두세 개씩 필 때가 있습니다. 그렇다면 기쁜 일입니다. 오이는 한 마디에 최대 일곱 개까지 열매를 맺는 잠재력이 있습니다. 수꽃이 여럿 핀 것은 토질이 개선되어 생물 활성도가 높아졌다는 증거입니다.

수확 및 아래 잎 따기

오이를 똑바로 자라게 하는 요령

오이는 모종을 심고 나서 약 한 달이 지나면 수확할 수 있습니다. 잎 한 장에 오이 하나가 달리며, 암꽃이 핀 뒤 7~10일만 지나면 수확할 수 있는 생산성이 높은 작물입니다. 열매가 잇따라 열리므로 늦지 않게 적기에 따야 합니다.

이때는 오이를 따면서 그 마디에 달린 잎도 함께 잘라 내는 것이 좋습니다. 잎을 남겨 두면 양분과 수분이 소모됩니다. 잘라서 활동 중

* 덩굴 식물의 1차 덩굴. 2차 덩굴을 아들 덩굴, 3차 덩굴을 손자 덩굴이라 한다.
** 생장점이 있는 새순을 잘라 가지의 성장을 멈추게 하는 일.
*** 어린모나 묘목을 키우는 것을 말한다.

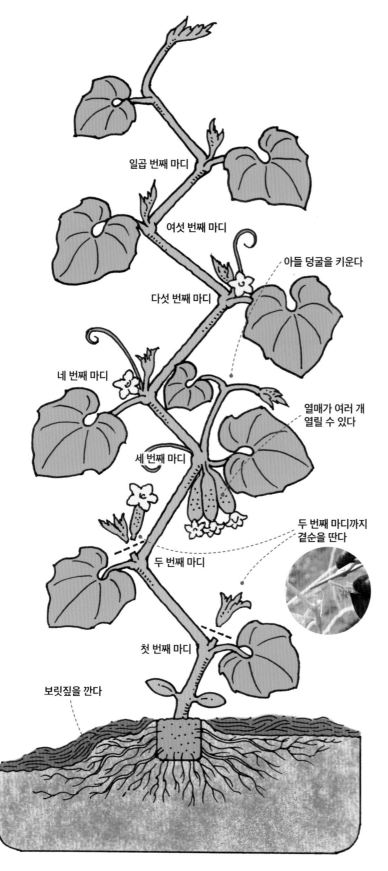

일곱 번째 마디

여섯 번째 마디

다섯 번째 마디

아들 덩굴을 키운다

네 번째 마디

열매가 여러 개
열릴 수 있다

세 번째 마디

두 번째 마디까지
곁순을 딴다

두 번째 마디

첫 번째 마디

보릿짚을 깐다

이 부분이 열매가 된다

수꽃

곁순

오이는 한 마디에 곁순과 꽃이 하나씩
나옵니다. 사진의 꽃은 열매가 될 수꽃
입니다.

포인트 설탕물과 쌀겨로 흰가루병을 치료한다

장마가 끝나고 건기에 접어들
면 흰가루병이 생기기 시작합
니다. 생태농법식으로 흰가루
병에 대처하는 방법을 소개하
겠습니다.

분무기에 미지근한 물을 가득
넣고 설탕 2작은술을 녹여서
흰가루병이 생긴 잎에 살포합
니다. 그런 다음 그 잎에 쌀겨
를 살살 뿌립니다. 그러면 어
느새 흰곰팡이가 없어집니다.
흰가루병에 대항하는 균이 늘
어났기 때문입니다.

새하얗게 변했던 호박잎의 상태가
눈에 띄게 개선되었습니다(손으로
가리키는 잎).

❶ 오이를 가위로 수확합니다. 오이 덩굴은 물러서 손으로 잡아 뜯으면 줄기가 손상됩니다. ❷ 한창때는 매일 많은 오이를 수확할 수 있습니다. ❸ 어미 덩굴과 아들 덩굴이 지지대 끝까지 올라오면 순지르기합니다. 그러면 새로운 아들 덩굴, 손자 덩굴이 자라나 열매를 계속 맺을 것입니다. ❹ 오이가 구부러져 있습니다. 양분과 수분의 균형을 맞추고, 흙 속에 공기를 넣는 등 환경을 개선하면 가루받이 불량을 방지할 수 있습니다. 그래도 끝물이 가까워지면 구부러진 오이가 나오기 마련입니다. 이는 덩굴이 늙어서 그런 것이니 어쩔 수 없습니다.

인 어린잎에 양분과 수분을 집중시킵시다.

또, 키우다 보면 구부러진 오이가 나올 때가 있습니다. 그 원인은 가루받이 불량입니다. 오이를 갈라 보면 네 개의 방이 보이는데, 가루받이가 제대로 되지 않아 생장 호르몬이 나오지 않았기 때문에 하나의 방이 커지지 않아서 오이가 구부러진 것입니다.

가루받이가 제대로 되지 않은 것은 양분 및 수분의 과부족 또는 고온 탓입니다. 따라서 오이를 곧게 키우려면 토양 환경을 개선하는 동시에 아래 잎을 부지런히 따서 양분과 수분의 손실을 막고 통풍을 원활하게 해야 합니다.

05 땅 오이 [박과]

유기물 멀치를 이랑에 깔아 덩굴이 지나가게 하고
쌀쌀해진 뒤 수확하면 오이의 맛은 더욱 각별하다

■ 재배 일정(중간지 기준)

월	
6	씨 뿌리기
7	아주 심기 ● 이랑과 고랑에 유기물 멀칭
8	
9	수확
10	
11	
12	
1	

모종은 7월 중순과 8월 중순 사이에 아주 심기합니다. 덩굴이 땅을 기는 품종은 지지대를 쓰는 품종보다 손이 많이 갑니다. 아주 심기한 지 한 달이 지나면 수확이 시작됩니다. 6월 중순 이후에는 씨를 직접 뿌려도 좋습니다.

이랑의 크기 폭 약 90cm, 높이 약 10cm

공기가 잘 통하는 흙을 좋아합니다. 점토질 밭이라면 이랑을 높게 만들고, 모래질 밭이라면 평평하게 만듭니다.

심는 법 포기 간격 50cm, 한 줄 심기

모종을 이랑 가장자리에 한 줄로 심어서 덩굴이 이랑 위를 기어가도록 합니다. 덩굴을 유인하기 위해 이랑에 유기물 멀치를 깝니다.

공영식물

파를 심어 오이의 덩굴쪼김병을 예방할 수 있습니다. 사탕수수 등을 이랑 옆에 심으면 과한 습기를 방지하여 노균병*을 막아 줍니다.

추천하는 이어짓기 작물

양파를 수확한 자리에 오이를 심으면 병이 잘 생기지 않습니다.

◆ 오이, 콩, 파, 포도 따위에 곰팡이가 기생하여 생기는 병. 잎에 엷은 노란색 또는 갈색의 반점이 생기다가 나중에는 잎이 말라 죽는다.

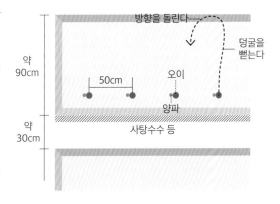

약 90cm · 약 30cm · 방향을 돌린다 · 덩굴을 뻗는다 · 50cm · 오이 · 양파 · 사탕수수 등

오이는 10월 이후에도 수확할 수 있습니다. 다만, 그럴 경우 재배 시기가 태풍이 오는 시기와 겹치므로 지지대를 이용하여 키우기가 어렵습니다. 처음부터 땅을 기는 품종을 골라 수박이나 호박처럼 재배하는 것이 좋습니다.

오이 뿌리는 산소를 많이 소모하므로 표층에 넓게 퍼지는 것이 특징입니다. 그러므로 밭 흙이 배수가 잘 안 되는 점토질이라면 이랑을 높이 세워 배수성과 통기성을 향상시켜야 합니다.

땅을 기는 품종은 자신의 잎으로 이랑을 덮어서 더운 여름에도 표층 뿌리를 보호하며 잘 자랍니다.

● 발효 부엽토나 쌀겨 부숙 거름을 줄 경우, 이랑 $1m^2$에 거름 5L를 표층 5cm에 섞으면 됩니다. 그런 다음 일주일 동안 재웁니다.

생태농법식 밭에서는 이전 작물을 거둬들이고 이랑 모양을 다듬기만 하면 오이 심을 준비가 끝납니다. 이랑과 고랑에는 보릿짚이나 풀 등을 깔아 둡시다.

모종 심기

아주 심기 전에 괭이로 풀과 함께 이랑 표면의 흙을 긁어 고랑을 덮어주면 잡초를 방지할 수 있습니다.

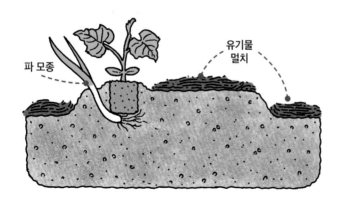

파 모종

유기물
멀치

막대 세 개를 세워 모종이 바람에 흔들리지 않도록 고정합니다.

파 모종을 섞어 심어서 덩굴쪼김병을 예방한다

❶ 이랑 표면의 흙을 괭이로 쓱쓱 긁어내 잡초를 예방합니다. ❷ 뿌리를 자른 파 모종을 구멍에 놓고 그 위에 오이의 뿌리분을 올립니다. ❸ 뿌리분이 1cm쯤 땅 위로 튀어나오도록 얕게 심습니다. ❹ 흙을 덮고 손으로 꾹꾹 누릅니다.

덩굴이 땅을 기도록 만들기 위해 모종을 이랑 끝에 한 줄로 심습니다. 얕게 심으면 뿌리가 편안하게 호흡하며 순조롭게 퍼져 나갑니다. 덩굴쪼김병 예방을 위해 파 모종도 함께 심습니다.

아주 심기 후 한동안은 지지대를 세워 모종이 바람에 흔들리지 않도록 해야 합니다. 가는 막대 세 개를 피라미드 모양으로 엮어 모종을 떠받치면 좋습니다.

덩굴을 유인한다

이랑의 유기물 멀치로 덩굴을 유인한다

이랑 위에 유기물 멀치를 깝니다. 마른 억새, 사탕수수 등 줄기가 단단한 풀을 사용합니다. 오이가 덩굴손으로 유기물 멀치를 휘감으면서

오이는 덩굴손으로 풀을 더듬어 가며 쭉쭉 뻗어 나갑니다. 풀 덕에 덩굴이 고정되어 바람에도 강해집니다.

모종을 심은 다음 흙이 약간 보일 정도의 두께로 유기물 멀치를 덮어 둡니다.

덩굴을 뻗을 것입니다.

어미 덩굴을 순지르기하지 않고 그대로 기르다가 덩굴이 이랑 끝에 닿으면 손으로 덩굴을 잡아 방향을 틀어 줍니다.

수확

아주 심기 한 달 후부터 남은 열매가 없게 잘 찾으며 수확한다

아주 심기 후 약 한 달이 지나면 수확이 시작됩니다. 아주 심기를 몇 차례에 나누어서 하면 11월에 서리가 내릴 때까지도 오이를 딸 수 있습니다. 쌀쌀해진 뒤에 수확한 땅 오이는 맛이 각별합니다.

수확할 때는 가위를 사용하고 덩굴을 밟지 않도록 조심합시다. 또 땅 오이의 경우 지지대를 활용할 때와는 달리 오이를 못 보고 지나치기 쉬우니 잘 찾아서 수확해야 합니다.

추천하는 섞어짓기 작물

가을 옥수수 사이사이로 오이 덩굴을 유인해 가며 동시에 재배한다

가을 옥수수(124쪽) 이랑에서 땅 오이를 함께 키워 봅시다. 키 큰 채소와 땅을 기는 채소의 조합이라 서로 다투지 않습니다. 오이의 병충해도 줄어듭니다. 외잎벌레가 옥수수에 둘러싸인 오이를 발견하지 못하는 듯합니다.

유기물 멀치

오이가 안심하고 덩굴을 뻗을 수 있도록 이랑에 유기물 멀치를 깔아 둡니다.

옥수수 사이에 오이를 심는다

옥수수는 포기 간격 30cm, 줄 간격 30cm로 세 줄 심기하고 가장자리의 옥수수들 사이에 오이를 섞어 심습니다.

사탕수수를 심는다

고랑 벽에 볏과 식물인 사탕수수나 귀리 등 보리 종류를 키우는 것도 좋습니다. 이것들이 뿌리를 뻗으면 흙에 공기가 들어가 오이가 더 잘 자랍니다. 그뿐만 아니라 오이의 울타리가 되어 주기도 하고 해충의 천적을 늘려 주기도 합니다.

덩굴을 유인한다

오이 덩굴이 옥수수 사이를 기어가며 자랍니다. 덩굴이 이랑 끝에 이르면 덩굴의 방향을 틀어 줍니다.

쌀겨 덧거름

옥수수 본잎이 나오면 쌀겨를 덧거름으로 줍니다. 며칠 후에 오이를 아주 심기합니다.

 **어미 덩굴을 순지르기하고 아들 덩굴만 키우려면 모종을 심을 때 포기 간격을 넓게 잡는다**

오이를 키우는 가장 간편한 방법은 포기 간격 50cm로 모종을 심은 뒤, 오이가 자라고 싶은 대로 자연스럽게 내버려 두는 것입니다.

또는 어미 덩굴을 순지르기하고 아들 덩굴만 키우는 방법도 있습니다. 이 방식을 쓰면 덩굴이 넓게 퍼지므로 어미 덩굴 일곱 번째 마디에서 순지르기할 경우 포기 간격 1m로, 어미 덩굴 네 번째 마디에서 순지르기할 경우 포기 간격 70cm로 모종을 심으면 됩니다.

심는 법과 기르는 법은 수박과 같고 아들 덩굴 네 개를 키워
호박 여덟 개를 수확한다

■ 재배 일정(중간지 기준)

월	
4	아주 심기
5	
6	아들 덩굴 유인 / 어미 덩굴 순지르기
7	
8	수확
9	
10	
11	

모종 심기

이랑 두 개를 연결한 넓은 경사 이랑에 얕게 심는다

모종은 5월 초에 심습니다. 수박(102쪽)과 마찬가지로, 이랑 두 개를
연결해 만든 넓은 경사 이랑을 사용합니다. 이랑의 낮은 쪽 끝에 포기
간격 100cm로 얕게 한 줄 심기합니다.

심기 전에 물로 300배 희석한 양조 식초를 화분 바닥으로 흡수시
키고, 파를 섞어 심어서 덩굴쪼김병을 예방합니다.

일찍 심어서 늦서리를 맞을 위험이 있다면 비닐 보호대를 세워 모종을 보호합니다. 수박도 마찬가지입니다.

꼭지가 코르크처럼 변한다

열매와 덩굴을 연결하는 꼭지가 코르크처럼 변했습니다. 서양 호박의 특징입니다. 참고로 서양 호박의 원산지는 남미, 동양 호박의 원산지는 중미의 메마른 지역입니다.

키우기

수박처럼 일곱 번째 마디에서 어미 덩굴을 순지르기하고
튼튼한 아들 덩굴 네 개를 남긴다

키우는 방법은 수박과 같습니다. 본잎이 일곱 장 났을 때 어미 덩굴을 순지르기하고 건강한 아들 덩굴 네 개를 남깁니다. 그 아들 덩굴들을 깔아 놓은 보릿짚으로 유인하며 키웁니다. 열매는 솎아도 되고 안 솎아도 됩니다. 무농약 밭이라 곤충이 많이 모여드니 인공 가루받이는 필요 없습니다. 수박도 마찬가지입니다.

수확

서둘러 수확할 필요가 없으므로 밭에 굴러다니게 두어도 괜찮다

가루받이 후 40~50일이 지나면 수확할 수 있습니다. 수박과 달리 호박은 잘 썩지 않아서 수확을 서두를 필요가 없습니다. 늙은 호박을 원하면 잎이 말랐을 때쯤(서리 내리기 전) 주우러 간다고 생각해도 괜찮습니다. 토종(조선 호박)을 애호박으로 먹을 땐 씨가 여물기 전에 수확해야 합니다.

좁은 밭에서는 미니 수박, 미니 호박을 지지대와 그물로 키우고, 짚을 깔아 뿌리를 보호한다

재배 순서는 일반 밭과 같으나 덩굴을 비스듬히 유인하는 것이 다르다

좁은 밭이라면 미니 호박과 미니 수박을 지지대와 그물을 활용하여 키우는 것이 좋습니다. 오이처럼 원예용 그물로 유인하는 것입니다. 심는 법이나 키우는 법은 이 책에서 소개한 것과 비슷합니다. 다만 방향이 수평에서 사선으로 변할 뿐입니다.

지지대는 튼튼하게 조립합니다. 열매 무게로 인해 처지거나 바람에 흔들리지 않도록 지름 16~20mm 정도의 굵은 지지대를 사용합니다. 대나무나 강철 파이프 등 가진 재료를 활용하면 됩니다. 그물은 느슨하지 않게 팽팽하게 쳐야 합니다.

덩굴이 자라면 덩굴 끝을 손으로 그물에 휘감아 주어 유인합니다. 오이와 마찬가지로 사선 방향으로 유인합니다. 미니 호박의 덩굴이 45도로 기어오르도록 유인하면 됩니다.

이랑과 고랑에는 보릿짚, 풀 등을 깔아 둡니다. 유기물 멀칭이 뿌리를 보호하므로 수박과 호박이 잘 자랄 것입니다. 토양 생물 활성도도 높아집니다.

미니 수박은 망태기에 담아 매달고 미니 호박은 꼭지를 걸어 둔다

❶ 미니 수박은 무거워서 덩굴이 처지므로 그물 망태기 등을 이용하여 지지대에 걸어 놓습니다. ❷ 미니 호박은 가벼우니 꼭지를 그물에 걸어 두면 됩니다.

이랑과 고랑에는 흙이 살짝 보이는 두께로 보릿짚이나 억새를 깝니다. 호박 뒤쪽에서는 풋거름 작물인 사탕수수가 자라고 있습니다. 덕분에 천적이 늘어나 호박의 진딧물 피해가 줄어들었습니다.

그물을 친다

사탕수수

미니 호박 덩굴이 약 45도로 자라고 있다

짚을 깐다

미니 호박

강아지풀을 두껍게 쌓아 토질을 개선하면
비료를 주지 않아도 수박과 호박이 잘 자란다

가을에 강아지풀을 깔고 이듬해에
수박과 호박을 심는다

늦가을에 마른 강아지풀을 잔뜩 깔아 밭의 토질을 개선할 수 있습니다.

아무것도 키운 적 없는 새로운 밭이라도 강아지풀을 깔아 두기만 하면 이듬해에 폭신한 흙으로 탈바꿈합니다.

전에 이 방법으로 토질을 개선하고 호박을 심은 결과 한 포기에 호박을 열두 개나 수확했던 경험이 있습니다. 퇴비는 전혀 쓰지 않았습니다. 수박과 오이 등 박과 채소에 특히 효과적인 방법이니 꼭 시도해 보시기 바랍니다. 채소는 퇴비가 아닌 흙과 미생물이 키운다는 사실을 실감하게 될 것입니다.

풀은 '보물'입니다!

강아지풀은 들판이든 휴경지든 가리지 않고 잘 자랍니다. 바랭이도 흔하니 함께 씁시다. 풀은 흙을 소생시키는 보물입니다. 단, 강아지풀이나 바랭이를 깔 경우 씨앗이 발아하여 풀이 많이 날 수도 있습니다. 주인 있는 땅에서 자라는 풀이라면 미리 양해를 구해야겠지요.

① 1m² 안에 강아지풀을 30cm 두께로 쌓는다

박과 채소를 심을 곳에 흙을 봉우리 모양으로 쌓아 올립니다. 지름 50cm, 높이 20~30cm의 봉우리입니다. 이 봉우리를 중심으로 1m² 안에 강아지풀과 바랭이를 발로 밟아 가며 30cm 두께로 쌓습니다. 그런 다음 이듬해 5월까지 내버려 둡니다.

② 이듬해 5월에 모종을 심는다

시간이 흐를수록 강아지풀과 바랭이는 분해되어 부피가 점점 줄어듭니다. 5월에 꼭대기의 풀을 치우고 수박이나 호박 모종을 심으면 놀랄 만큼 잘 자랄 것입니다.

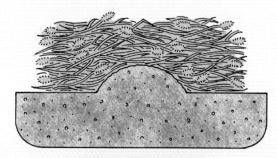

흙을 봉우리 모양으로 쌓는다

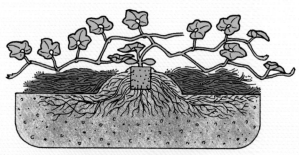

풀을 치우고 아주 심기한다

07 수박 [박과]

넓은 공간을 마련하고 아들 덩굴 네 개를 키워 수박 네 개를 수확한다

■ 재배 일정(중간지 기준)

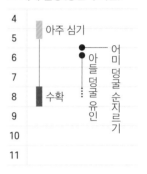

모종은 5월 초에 심습니다. 본잎이 일곱 장 나면 어미 덩굴을 순지르기하고 아들 덩굴 네 개만 남깁니다. 5월 중순을 지나, 날이 더워지면 밭에 씨를 직접 뿌릴 수 있습니다.

이랑의 크기 폭 약 90cm, 높이 약 10cm

이랑을 높여 배수를 원활하게 합니다. 옆 이랑까지 수박 덩굴이 뻗어 나갈 공간으로 이용합니다.

심는 법 포기 간격 100cm, 한 줄 심기

이랑 끝에 포기 간격 100cm로 한 줄 심습니다. 이랑 한가운데에 작은 봉우리를 만드는 것도 좋습니다.

공영식물

파를 함께 키워 수박의 질병을 예방합니다. 덩굴이 뻗을 듯한 곳에 파를 뿌려 두면 덩굴이 파를 감고 뻗어 갑니다.

추천하는 이어짓기 작물

해마다 같은 이랑에서 수박과 양파를 번갈아 키우면 수박에 병이 잘 생기지 않습니다.

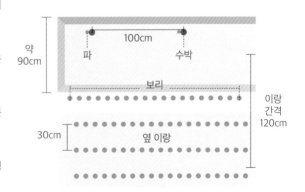

수박은 아프리카의 사막 출신이라 건조한 땅에 덩굴을 뻗으며 자랍니다. 그러나 여름은 비도 많고 습하므로 텃밭에서 수박을 재배하려면 이랑을 높게 만들어 배수가 잘되도록 해야 합니다. 심는 방법, 뿌리를 보호하는 방법은 같은 박과인 오이와 비슷합니다. 다만 수박은 덩굴을 길게 뻗으므로 하나의 이랑으로는 충분하지 않으니 이랑 두 개를 합하여 사용하는 것이 좋습니다.

수박은 내버려 두어도 잘 자라는 식물이라서 편하게 키울 수 있지만 그렇다고 정말로 방치하면 너무 잘 자라서 텃밭을 점령할 것입니다. 가지치기를 해야 하는데, 저는 다양한 방법 중 어미 덩굴을 순지르기하고 아들 덩굴 네 개를 키우는 방법(105쪽)을 추천합니다. 그런 다음 수확할 때까지 내버려 두면 됩니다.

● 발효 부엽토나 부숙 거름을 줄 경우, 이랑 $1m^2$당 거름 약 3L를 표층에 섞으면 됩니다.

모종 심기

모종은 5월 초에 심습니다. 심기 전에 물로 300배 희석한 양조 식초를 화분 바닥으로 흡수시킵니다.

수박 모종은 오이와 마찬가지로 이랑 끝에 얕게 심습니다. 또 심을 때 파를 섞어 심어 덩굴쪼김병을 예방합니다.

이랑을 만들 때 완만한 경사를 주면 덩굴을 쉽게 유인할 수 있습니다. 수박 덩굴은 높은 쪽으로 기어오르는 습성이 있으므로 104쪽 위의 그림처럼 이랑에 완만한 경사를 주면 덩굴이 저절로 옆 이랑으로 기어오릅니다.

고랑의 흙이 단단해졌다면 덩굴이 고랑에 닿기 전에 고랑의 흙에 공기를 넣어 주어야 합니다. 10cm 간격으로 흙에 삽을 찔러 앞으로 가볍게 들춰 주기만 하면 수박이 뿌리를 뻗기가 훨씬 쉬워집니다.

이랑 끝에 심는다

봉우리에 심는다

봉우리 이랑은 통기성과 배수성이 좋은 것이 장점입니다. 넓고 높은 이랑을 만들기는 힘들지만 봉우리 이랑은 쉽게 만들 수 있습니다.

흙을 쌓아 올려 작은 봉우리를 만드는 것도 좋습니다. 지름 약 50cm, 높이 20~30cm의 봉우리를 한가운데에 만들고 거기에 모종을 심으면 됩니다.

중요 보릿짚을 깐다

수박이 덩굴손으로 보릿짚을 휘감으며 자란다

덩굴이 닿는 곳에 보릿짚이나 사탕수수, 억새 등을 깔아 둡시다. 그러면 수박이 덩굴손을 보릿짚에 휘감으며 쭉쭉 뻗어 나갈 것입니다.

깔 것이 없으면 보리를 키우거나 풀을 키워도 됩니다. 무엇이든 덩굴손이 붙잡을 수 있으면 됩니다. 그러면 덩굴이 바람에 펄럭여서 약해질 걱정도 없습니다.

모종이 뿌리를 내리고 덩굴이 자라기 시작하면 보릿짚을 깝니다. 볏짚은 물렁하게 뭉개지므로 추천하지 않습니다.

고랑에 풀을 키워도 좋다

깔 것이 없으면 풀을 키워도 됩니다. 덩굴손이 풀을 휘감으며 뻗어 나갈 것입니다. 풀이 있으면 흙이 너무 습해지거나 건조해지는 것도 예방할 수 있습니다.

순지르기하여 아들 덩굴 네 개를 남긴다

일곱 번째 마디에서 어미 덩굴을 순지르기하고 아들 덩굴을 남긴다

어미 덩굴에서 본잎이 일곱 장 나오면 끝부분을 가위로 잘라 순지르기하고 건강한 곁순을 네 개 남겨서 키웁니다. 다른 곁순은 모두 자릅니다.

아들 덩굴의 밑동에서부터 15~20번째 마디쯤에 열리는 열매가 맛

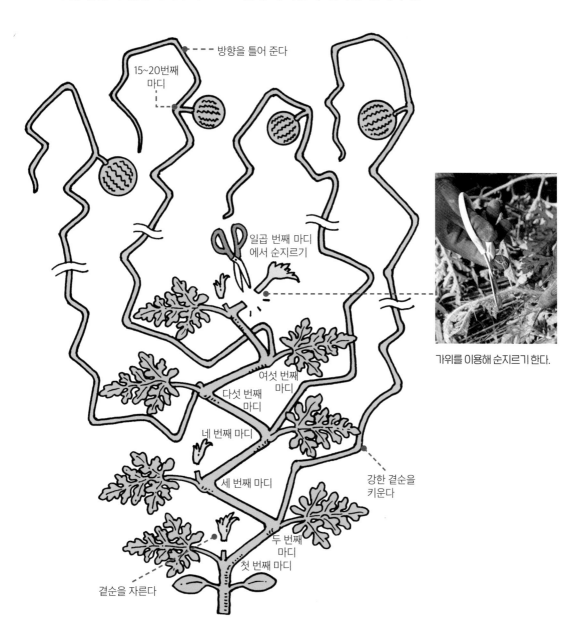

방향을 틀어 준다

15~20번째 마디

일곱 번째 마디에서 순지르기

여섯 번째 마디

다섯 번째 마디

네 번째 마디

세 번째 마디

강한 곁순을 키운다

두 번째 마디

첫 번째 마디

곁순을 자른다

가위를 이용해 순지르기 한다.

있으니 이것을 잘 키워 수확합니다. 그루터기 가까운 곳의 열매는 제대로 익지 않으므로 작을 때 제거합니다.

20~27번째 마디에도 열매가 하나 열릴 것입니다. 한 그루에 총 8개까지 수확할 수 있습니다.

수확

열매가 충분히 크면 손으로 두드려서 소리를 들어 본다

가루받이가 끝나면 큰 수박은 45일 후, 작은 수박은 40일 후부터 수확할 수 있습니다. 그러나 곤충이 자연스럽게 가루받이를 하는 생태농법에서는 날짜를 헤아려 수박을 수확하기 어렵습니다. 그러면 어떻게 할까요?

핵심은 열매를 두드렸을 때 나는 소리입니다. 맑고 낮은 소리가 나면 다 익은 것이고 통통거리는 높은 소리가 나면 아직 덜 익은 것입니다. 그러나 이 방법 역시 알기 쉽지는 않습니다. 그럴 때는 꼭지가 달린 덩굴손이 말랐을 때 따면 됩니다.

이 잎이 마르면 수확한다

15~20번째 마디의 열매를 키운다

부풀기 시작한 수박. 열매 밑에 보릿짚과 억새 등을 두껍게 깔아 수박 밑바닥이 땅에 직접 닿지 않도록 합니다.

08 주키니 [박과]

습기를 싫어하므로 높은 이랑을 만들고 수확할 때마다 아래 잎을 자른다

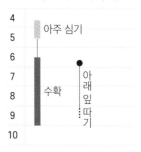

■ 재배 일정(중간지 기준)

아주 심기 / 수확 / 아래잎따기

이랑의 크기 　높이 20~30cm의 봉우리 이랑
봉우리를 만들어 배수를 촉진합니다. 특히 배수가 잘 안 되는 점토질 밭에서는 봉우리를 더 높입니다.

심는 법 　포기 간격 100cm, 한 줄 심기
100cm 간격으로 한 줄 심습니다. 이랑 한가운데에 봉우리를 만들고 모종을 얕게 심습니다.

공영식물
파를 함께 심으면 주키니의 덩굴쪼김병이 예방됩니다. 이랑 가장자리에 보리를 뿌리면 과도한 습기를 막을 수 있습니다.

추천하는 이어짓기 작물
해마다 같은 이랑에서 주키니와 양파, 또는 주키니와 십자화과 채소를 번갈아 키우면 좋습니다.

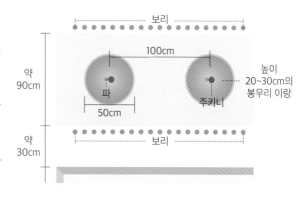

주키니는 중남미의 사막 주변에서 태어난 호박으로 과도한 습기를 싫어합니다. 그러므로 장마 때에도 흙이 너무 습해지지 않도록 이랑을 높게 만들어 배수를 원활하게 합니다. 또 수박이나 오빅처럼 멀치를 이용하여 뿌리를 보호해야 합니다. 인공 가루받이로 수확량을 늘릴 수도 있지만, 노지 텃밭에서는 자연에 맡겨도 충분한 성과를 얻을 수 있습니다.

모종 심기

5월 초에 아주 심기합니다. 심기 전에 물로 300배 희석한 양조 식초를 화분 바닥으로 흡수시킵니다. 주키니는 박과 식물이므로 얕게 심는 것을 좋아합니다. 땅 밖으로 뿌리분이 1cm 튀어나오도록 심읍시다. 한동안은 보호대로 감싸서 바람과 추위를 막고, 뿌리를 내려 자라기 시작하면 모종 주위에 보릿짚 등을 깔아 줍니다.

수확 및 아래 잎 따기

주키니는 열매가 빨리 커집니다. 꽃이 핀 후 4~5일 만에 오이만큼 커져서 수확할 수 있습니다. 그러나 좀 더 키워서 수확해도 맛있으니 취향에 따라 수확 시기를 정하면 됩니다.

주키니는 잎 한 장에 열매가 하나씩 맺힙니다. 그러므로 열매를 수확하면서 아래 잎 한 장을 잘라서 통풍을 원활하게 합니다.

봉우리에 모종을 심는다

잎을 크게 펼치므로 이랑 한가운데에 봉우리를 만들고 거기에 모종을 심는 것이 좋습니다. 흙의 통기성을 고려하여 얕게 심습니다.

09 오크라 [아욱과]

기온이 높아지면 씨를 직접 뿌리고 고랑에는 보릿짚이나 풀을 깐다

■ 재배 일정(중간지 기준)

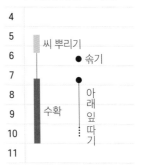

추위에 약하여 고온에서 싹을 틔우므로 5월 중순 이후 날이 더 워졌을 때 씨를 뿌립니다. 수확 은 늦가을까지 이어집니다.

이랑의 크기　폭 약 80cm, 높이 약 20cm

이랑이 높아야 오크라가 곧은뿌리를 깊이 뻗으며 잘 자랍니다.

심는 법　포기 간격 40~50cm, 두 줄 어긋 심기

1cm 깊이의 구멍에 씨를 3~5개씩 뿌립니다. 본잎이 두 장 나면 솎아서 한곳에 두 포기로 줄입니다.

공영식물

오크라는 타감 작용*이 강하여 섞어짓기에 적합하지 않습니다. 다른 식물을 물리치기 때문에 주변에서 풀도 별로 자라지 않습니다.

추천하는 이어짓기 작물

해마다 같은 이랑에서 오크라와 십자화과 채소를 번갈아 키우면 좋습니다.

◆ 식물이 일정한 화학 물질을 생성하여 다른 식물의 생존을 막거나 성장을 저해하는 작용을 말한다. 때로는 다른 식물의 성장을 촉진하는 작용도 여기에 포함된다.

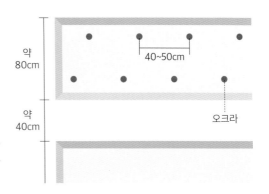

오크라는 아프리카 북동부 출신이므로 더위에 매우 강합니다.

반면 추위에는 약하므로 씨를 일찍 뿌리면 싹이 전혀 트지 않습니다. 싹을 제대로 틔우려면 기온이 25~30도로 상당히 높아야 합니다. 따라서 야외 텃밭에서 오크라를 키우려면 땅이 따뜻해지는 5월 중순까지 기다렸다가 씨를 뿌리는 것이 좋습니다.

오크라는 뿌리가 곧아서 옮겨심기에 약합니다. 그러므로 모종을 심지 않고 씨를 밭에 직접 뿌려 키웁니다. 뿌리를 캐 보면 미끈거리는 곧은뿌리가 깊게 뻗어 있는 것을 볼 수 있습니다.

즉 오크라는 씨를 일찍 뿌리거나 옮겨 심으면 안 됩니다. 그런데도 가정용품 매장에서는 연초부터 오크라 모종을 팔고 있습니다. 이것을 사서 심는다고 해도 진딧물에 해를 입기 쉽습니다.

● 발효 부엽토나 부숙 거름을 줄 경우, 이랑 1m²에 거름 3L를 표층에 섞고 고랑 1m에 거름 1L를 섞으면 됩니다. 고랑에는 보릿짚 등을 깝니다.

씨 뿌리기

모래와 함께 비벼 껍질에 상처를 내면 싹이 더 잘 틉니다. 그런 다음 물로 300배 희석한 양조 식초를 뿌립니다. 땅에 손가락으로 1cm 깊이의 구멍을 파고 씨앗을 3~5개 넣은 다음 흙을 덮고 발로 잘 밟습니다.

오크라의 꼬투리를 갈라 보면 씨앗이 많이 들어 있습니다. 스스로 '발아율이 낮다'고 공언하는 셈입니다. 그래서 한곳에 10개쯤 뿌려도 되지만 솎는 것도 일이라서 3~5개 정도가 적당합니다. 꾹꾹 밟아 주면 발아율이 높아집니다.

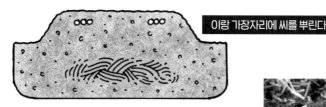

이랑 가장자리에 씨를 뿌린다

1cm 두께로 흙을 덮습니다. 오크라 씨앗은 한 구멍에 여러 개를 뿌려도 괜찮습니다.

씨앗을 뿌린 다음 발로 잘 밟는다

발아율이 낮은 채소로 알려져 있습니다. 그러나 씨앗을 뿌리고 흙을 덮은 뒤 발로 세게 밟아 주면 곧은뿌리를 지하로 쭉쭉 뻗으며 고르게 발아할 것입니다.

솎아서 두 포기로 줄이기

본잎이 두세 장 났을 때 솎아서 두 포기로 줄인다

싹이 트고 본잎이 두세 장 나면 솎아서 두 포기만 남깁니다. 손으로 뽑으면 다른 모종의 뿌리까지 다칠 수 있으므로 가위로 땅에 가깝게 자릅니다. 웃거름 없이 꾸준히 열매를 맺게 하려면 두 포기씩 키우는 것이 딱 알맞습니다.

열대 식물인 만큼, 기온이 올라갈수록 생장 속도가 빨라집니다.

본잎을 펼친 오크라. 솎아서 두 포기씩만 남깁니다. 주위의 풀이 우세해 보인다면 풀뿌리를 적당히 끊어서 오크라가 햇볕을 많이 받도록 합니다. 오크라가 커지면 주변에 풀이 거의 나지 않습니다.

포인트 고랑과 이랑에 짚을 깔아서 수확량을 늘린다

고랑에는 보릿짚이나 억새 등 유기물을 깝니다. 오크라가 본잎을 펼치며 순조롭게 자라기 시작하면 이랑에도 유기물을 깔아 줍니다. 미생물이 증식하여 보릿짚이 분해되므로 자연스럽게 토질이 개선될 것입니다. 짚이 웃거름 역할을 하여 꾸준히 열매를 맺게 합니다. 또 이랑과 고랑의 습기를 유지하여 오크라의 생장을 돕습니다. 단, 모종이 어릴 때 주위에 짚을 깔면 공벌레나 민달팽이에게 식해를 당할 수 있으니 주의합시다.

수확 및 아래 잎 따기

열매를 따면서 아래 잎을 잘라 낸다

열매를 딸 때마다 열매 밑에 붙은 잎도 함께 잘라 냅니다. 아래 잎 따기는 오크라 재배의 기본 중 기본입니다. 아래 잎을 따면 양분과 수분을 위쪽의 어린잎에 몰아줄 수 있어서 열매를 꾸준히 수확하게 됩니다. 잎이 줄어들면 바람도 잘 통할 것입니다.

오크라는 제때 수확해야 합니다. 꽃이 피고 4~5일만 지나면 열매를 수확할 수 있습니다. 수확이 늦으면 열매가 질겨져 먹을 수 없습니다. 품종에 따라 조금씩 다르지만, 대개 길이가 10cm 이하인 오크라가 부드럽고 맛있습니다.

오크라가 질긴지 부드러운지 구별하는 방법이 있습니다. 꼬투리 끝을 비틀어 보는 것입니다. 꼬투리가 쉽게 부러지면 부드러운 오크라이고 구부러지기만 하고 부러지지 않으면 질긴 오크라입니다.

오크라 꽃입니다. 꽃이 핀 뒤 4~5일만 지나면 열매를 수확할 수 있습니다. 한창때는 매일 엄청난 양의 오크라가 열립니다. 오크라 꽃잎도 맛있어서 식용으로 쓰입니다.

오크라는 꼭지가 질기므로 가위로 수확합니다. 잎 한 장에 열매가 하나씩 맺힙니다. 그러므로 열매를 딸 때 그 아래의 잎(동그란 사진)도 같이 자릅니다.

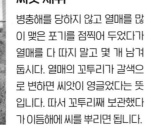

씨앗 채취

병충해를 당하지 않고 열매를 많이 맺은 포기를 점찍어 두었다가 열매를 다 따지 말고 몇 개 남겨 둡시다. 열매의 꼬투리가 갈색으로 변하면 씨앗이 영글었다는 뜻입니다. 따서 꼬투리째 보관했다가 이듬해에 씨를 뿌리면 됩니다.

부지런히 아래 잎을 잘라서 통풍을 원활하게 합니다. 이것이 오크라를 재배하는 요령입니다.

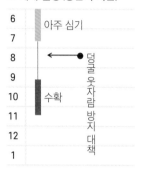

■ **재배 일정(중간지 기준)**

6	아주 심기
7	
8	← ● 덩굴 웃자람 방지 대책
9	
10	수확
11	
12	
1	

6월 중순에 아주 심기하면 9월 하순에 수확할 수 있습니다. 밭에 양분이 많으면 덩굴만 무성해지기 쉬우므로, 너무 길게 자란 덩굴은 낫으로 벱니다.

이랑의 크기 **폭 약 90cm, 높이 약 10cm**
공기가 잘 통하는 흙을 좋아합니다. 점토질 밭이라면 높은 이랑을, 모래질 밭이라면 낮은 이랑을 준비합니다.

심는 법 **포기 간격 30cm, 줄 간격 60cm, 두 줄 심기**
모종 방향을 반대로 하여 두 줄로 심습니다. 그래야 덩굴이 서로 얽히지 않고 광합성이 잘 됩니다.

공영식물
고구마는 다른 식물을 물리치는 타감 작용이 강하므로 다른 작물과 섞어 심지 말고 단독으로 키워야 합니다.

추천하는 이어짓기 작물
양파를 수확하고 고구마를 키우면 좋습니다. 둘 다 이어짓기가 가능한 채소인 데다 시기도 딱 맞아떨어집니다.

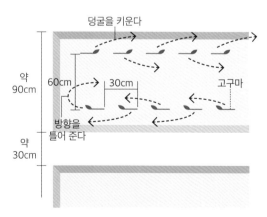

덩굴을 키운다

약 90cm

60cm 30cm 고구마

방향을 틀어 준다

약 30cm

113

고구마는 중남미의 건조한 지역 출신이라 메마른 기후를 좋아하고 물기 없는 땅에서 잘 자랍니다. 땅 밖에서는 덩굴을 뻗고 땅속에서는 큰 땅속줄기를 만듭니다.

질소 성분이 많은 땅에서는 덩굴이 웃자라기 쉽습니다. 덩굴만 무성하게 자라고 고구마가 생기지 않는 것입니다. 그러므로 이전 작물을 거둬들인 뒤 거름을 주지 않은 이랑을 준비해서 고구마를 심어야 합니다. 경반층을 허물고 이랑을 만든 후에는 발효 부엽토나 부숙 거름조차 쓸 필요가 없습니다. 이랑을 만들 때는 흙을 잘게 부수면 안 됩니다. 크고 작은 동그란 흙덩어리가 섞여 있어 공기가 잘 통하는 흙이 이상적입니다. 그래야 토양 미생물의 활성도가 높아집니다.

또 생태농법 1년 차에는 고구마 덩굴이 웃자랄 위험성이 높습니다. 그러므로 2년 차에 거름을 주지 않은 이랑을 준비하여 본격적으로 재배해야 맛있는 고구마를 잔뜩 캘 수 있습니다.

모종 심기

고구마는 순을 잘라서 모종으로 이용하는 식물입니다. 처음에는 모종을 구입하여 심습니다. 짧은 모종을 세로로 심어도 되지만 115쪽의 그림처럼 잎이 대여섯 개 붙은 30cm 길이의 모종을 비스듬히 묻습니다. 막대기나 고구마 이식기로 끝의 눈 부분만 땅 밖으로 내고 약 5cm 깊이로 묻은 다음 꾹꾹 밟아 줍니다.

아주 심기 전에 모종을 물에 담그지는 않습니다. 고구마 모종은 약간 시든 상태로 심는 것이 가장 효과적이기 때문입니다. 구입한 모종은 하루 이틀, 직접 채취한 모종은 사흘 동안 그늘에서 말렸다가 심습니다. 모종이 '뿌리에 수분이 언제나 충분하다'라고 착각하면 땅에서 순조롭게 뿌리내리지 못합니다. 식물 스스로 땅속으로 뿌리를 뻗어야 물을 빨아들일 수 있다고 느껴야 합니다.

여기서 나온 뿌리가 고구마가 된다

잎 밑동에서 고구마가 될 뿌리가 자랍니다. 비스듬히 심으면 한 포기에서 더 많은 고구마를 얻을 수 있습니다.

끝부분의 눈을 땅 밖으로 낸다

맨 끝의 눈만 땅 밖에 나와 있으면 잘 자랍니다. 다른 잎은 흙 속에 묻어도 괜찮습니다.

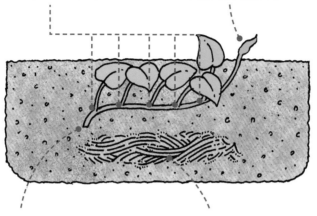

잘린 부분을 세로로 꽂은 다음 줄기를 비스듬히 위로 구부린다

일단 모종을 세로로 찔러 넣은 다음 덩굴을 위로 비스듬히 구부리는 것이 요령입니다. 이렇게 해야 잎 밑동에서 고구마가 될 뿌리가 순조롭게 자랍니다.

강아지풀 등을 묻는다

모종 밑에 마른풀을 묻으면 수분을 붙잡아 두는 효과가 있습니다. 자세한 내용은 감자 재배법(136쪽)을 참고하세요.

짧은 모종

짧은 모종은 포기 간격 15cm로 두 줄 심기 합니다. 이랑에 구멍을 내고 모종을 똑바로 찔러 넣어 세로로 심습니다. 둥근 고구마가 만들어지고 한 포기당 수확량이 상대적으로 적습니다.

긴 모종

위 그림에서 설명한 방법입니다. 타원형으로 긴 고구마가 만들어집니다. 포기 간격 30cm로 두 줄 심기 하되, 줄별로 방향을 반대로 돌려 심는 것이 포인트입니다(113쪽 이랑 그림 참고).

덩굴 웃자람 방지 대책

덩굴이 웃자라면 2m 길이로 자른다

거름을 주지 않으므로 덩굴이 웃자랄 염려가 없어서 수확할 때까지 내버려 두어도 괜찮습니다. 단, 예상외로 흙 속에 비료 성분이 많이 남아 있어 덩굴이 웃자랐다면 별도의 조치가 필요합니다.

❶ 생태농법에서는 채소를 적당한 정도로만 자라게 합니다.
❷ 덩굴이 웃자라면 지나치게 길어진 덩굴을 잘라 주고 빽빽한 덩굴을 뒤집어 부정근*을 잘라야 합니다(덩굴 뒤집기).

‑‑‑‑ 덩굴 중간에 새로 자라난 뿌리

고랑을 침범한 덩굴을 가위로 잘라 낸 다음 줄기 부분은 표피를 벗기고 나물로 무쳐 먹습니다. 고구마 잎은 광합성 능력이 강하므로 덩굴이 2m만 되면 크고 맛있는 고구마를 충분히 만들어 낼 수 있습니다.

수확 및 보존

아주 심기 약 3개월 후 고구마를 하나 캐 보고 수확한다

아주 심기 3개월 후부터 고구마를 수확할 수 있습니다. 고구마가 영글면 흙이 솟아오르고 갈라지므로 수확할 때가 되었음을 알 수 있습니다. 본보기로 하나 캐서 고구마가 얼마나 커졌는지 확인합니다. 아직 작다면 흙을 다시 덮어야 하니 조심해서 확인합니다.

고구마가 충분히 커졌다면 덩굴을 베어 지상부를 정리하고 고구마를 캡니다. 하지만 갓 캔 고구마는 맛이 없습니다. 일주일 정도 그늘에서 말려야 당도가 높아져 맛있어집니다.

고구마를 오랫동안 보관하려면 왕겨를 채운 골판지 상자나 스티로폼 상자를 이용하는 것이 좋습니다. 고구마끼리 서로 닿지 않도록 상자에 넣고 실내에서 가장 따뜻한 곳에 둡니다. 저는 냉장고 위를 추천하는데, 따뜻하기도 하고 생활에 방해도 되지 않기 때문입니다. 이런 방법으로 추위에 약한 고구마도 썩지 않고 겨울을 날 수 있습니다. 참고로 고구마를 씻으면 안 됩니다. 또, 상자를 밀폐하면 고구마가 숨을 못 쉬니 주의합시다.

◆ 제뿌리가 아닌 줄기 위나 잎 따위에서 생기는 뿌리. 연, 옥수수 따위의 뿌리가 있다.

본보기로 하나만 캐서 고구마가 충분히 커진 것을 확인하고 수확합시다. 덩굴을 잡아당기면 고구마가 덩굴에 주렁주렁 매달린 채 땅 밖으로 튀어나옵니다.

골판지 상자

보온성이 있고 공기가 출입할 틈새도 있으므로 고구마 상자로 적합합니다.

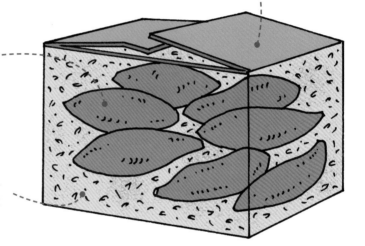

고구마끼리 닿지 않도록 쌓아 올린다

고구마끼리 부딪치면 상처가 나므로 서로 닿지 않게 합니다.

왕겨

보온성과 통기성이 좋아 고구마 보관에 유용합니다. 왕겨가 없다면 고구마를 하나씩 신문지에 싸서 골판지 상자에 넣습니다.

🌱포인트 겨우내 보관한 고구마로 모종을 만들어 심는다

고구마를 겨우내 잘 보관했다가 씨 고구마 삼아 모종을 만들어 봅시다.

못자리*에 고구마를 눕혀서 절반만 흙 속에 묻으면 싹이 터서 덩굴이 자라기 시작합니다. 그 덩굴을 잘라 모종으로 이용합니다. 4월에 고구마를 심으면 6월에 모종을 얻을 수 있습니다.

고구마는 30도 정도의 고온에서 싹을 틔우므로 못자리에 멀칭하고 비닐 터널을 만들어 땅 온도를 올려야 합니다. 멀치를 덮은 후 30cm 간격으로 구멍을 내서 고구마를 묻으면 됩니다.

발아하여 덩굴이 자라기 시작하면 그것을 다시 30cm 길이로 잘라 모종으로 이용합니다. 잎을 2장쯤 남기고 자르면 본체에서 곁순이 나와 덩굴이 다시 자라납니다. 못자리에는 거름을 주지 말고 이랑은 배수가 잘되는 곳에 만들어야 합니다. 또, 기온이 높아지는 5월 중순 경에는 터널을 제거합니다.

◆ 꽃, 나무, 채소 따위의 모종을 키우는 자리.

11 토란 [천남성과]

북주기가 끝나면 볏짚을 깔아 장마 후 건기를 극복한다

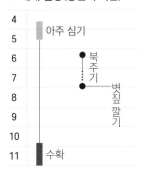

■ 재배 일정(중간지 기준)

4	아주 심기
5	
6	북주기
7	
8	볏짚깔기
9	
10	
11	수확

5월 초에 씨 토란을 심습니다. 장마가 끝나기 전 북주기를 완료하고 볏짚이나 풀을 이랑에 깔아 흙이 마르지 않도록 합니다. 11월부터 수확할 수 있습니다.

이랑의 크기　폭 약 100cm, 높이 약 0cm

물을 좋아하므로 배수가 좋은 밭이라면 평평한 이랑을 만듭니다. 배수가 잘 안 되는 밭이라면 이랑을 살짝 높입니다.

심는 법　포기 간격 50cm, 한 줄 심기

약 3cm 깊이로 얕게 심습니다(북주기합니다). 또는 20~25cm 깊이의 구멍 속에 심습니다(흙을 천천히 덮어서 묻습니다).

공영식물

토란은 섞어짓기에 그다지 알맞지 않으므로 단독으로 키웁니다.

추천하는 이어짓기 작물

해마다 같은 이랑에서 토란과 십자화과 채소를 번갈아 키우면 좋습니다.

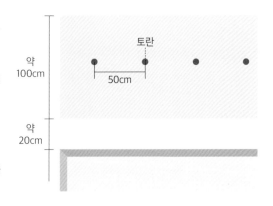

토란은 열대 아시아 출신이라 고온 다습한 기후를 좋아하고 건조한 기후를 싫어합니다. 따라서 장마 후 건기에 어떻게 관리하느냐에 따라 수확량이 달라집니다. 저는 낮은 이랑에 20~25cm 깊이의 구멍을 파서 씨 토란을 심고 싹이 틀 때마다 흙을 추가로 덮어 주는 방식을 추천합니다. 그러나 1년 차 생태농법식 이랑에서는 그 방법을 쓸 수 없습니다. 씨 토란을 심을 곳에 억새와 낙엽이 묻혀 있기 때문입니다. 2년 차부터는 구멍을 파서 토란을 심고 거름 없이 키울 수 있습니다. 다만 발효 부엽토와 부숙 거름으로 첫해에 토란을 키우는 방법이 있는데, 그것은 120쪽에서 소개하겠습니다.

일단 경반층을 허문 후 이랑을 만듭니다. 이랑은 평평하게 만듭니다. 높이는 없지만 이랑 폭을 약 100cm, 고랑 폭을 약 20cm로 정해 두고 그 한가운데에 씨 토란을 심습니다.

씨 토란 심기

얕게 심고 장마가 끝나기 전까지 북주기를 두세 번 한다

토란은 씨 토란을 심어서 키웁니다. 처음에는 씨 토란을 구입해야겠지만, 그 해에 수확한 토란을 보존하면 이듬해에는 씨 토란을 심을 수 있습니다.

5월 초쯤 이랑 한가운데에 씨 토란을 포기 간격 50cm로 얕게 한

◆ 토란은 하나의 어미 토란 옆에 아들 토란이 혹처럼 붙어서 수십 개까지 늘어나는 방식으로 토란을 생산한다 (덩이줄기). 씨 토란 하나에 어미 토란이 여러 개 생기므로 각 어미 토란에 붙은 아들 토란까지 합하면 많은 양을 수확할 수 있다. 어미 토란은 쓰고 떫어서 식용으로 쓰지 않는다. 그래서 아들 토란이 맛있다고 하여 '알토란'으로 부른다.

❶ 아들 토란. 싹이 위로 가게 하여 심습니다. ❷ 이것은 어미 토란입니다. 씨 토란으로 쓰면 새로운 어미 토란이 여러 개 생기므로 더 많은 아들 토란을 수확할 수 있습니다.◆

씨 토란에서 튼 싹이 자라서 어미 토란이 되고, 어미 토란의 주변에 아들 토란이 붙습니다. 재배 중 아들 토란에서 싹이 트면 가위 또는 낫으로 자르거나 어미 토란의 줄기에 엮어 흙 속에 묻습니다. 싹이 난 아들 토란은 맛이 없습니다.

줄 심기합니다. 그리고 3cm 두께로 덮습니다. 이때는 발효 부엽토 등을 주지 않습니다.

싹이 나면 북주기를 합니다. 1m²당 3L의 발효 부엽토나 부숙 거름을 이랑 양쪽에 뿌리고 그 흙을 토란 위에 덮어 주는 것입니다. 싹 위에 흙이 3cm 두께로 덮이도록 합니다.

그 후에도 싹이 흙 밖으로 나오면 비슷한 양의 발효 부엽토나 부숙 거름을 뿌려 북주기합니다. 총 두세 번 반복하여 최종적으로 씨 토란 위에 20~25cm 두께의 흙이 쌓이도록 합니다. 장마가 끝나기 전에 북주기를 완료합니다.

장마가 끝나면 볏짚을 깐다

물컹하게 썩어서 보온 효과를 높이는 볏짚

장마가 끝나면 토란이 싫어하는 건기가 시작됩니다. 흙의 습기를 유지하기 위해 이랑에 볏짚을 깝니다.

볏짚은 금세 썩어서 질척해지므로 흙의 습도를 유지하는 데 안성맞춤입니다. 볏짚이 없으면 풀을 베어 이랑에 깝니다. 억새처럼 질긴 풀이 아닌, 금세 분해되는 부드러운 풀이 좋습니다.

이랑과 고랑에 볏짚과 풀을 깔아 흙의 습도를 유지합니다. 볏짚과 풀은 썩어서 흙이 됩니다. 토란을 키우면서 토질도 개선하는 것입니다.

토란 캐기

늦가을부터 겨울 사이에 서리가 내리면 토란 위의
흙이 마릅니다. 그러면 삽으로 토란을 캐서 수확합
니다. 씨 토란으로 쓸 것은 어미 토란에서 분리하
지 말고 파낸 구멍에 그대로 다시 넣어 흙을 덮어
둡니다. 어미 토란에서 떼어 놓으면 발아율이 떨어
집니다.

삽으로 토란을 찍지 않도록 주의합니다. 밑동에서 약간
떨어진 곳을 찔러 흙덩어리를 일으키면서 토란 덩어리를
캡니다.

12 · 땅콩 [콩과]

비료를 주지 않아도 되고 풀도 별로 안 나서 거의 혼자 크는 채소

■ 재배 일정(중간지 기준)

월	
4	씨 뿌리기
5	
6	
7	
8	
9	
10	수확
11	

이랑의 크기   폭 약 90cm, 높이 약 10cm

넓고 얕은 이랑을 준비합니다. 물이 잘 안 빠지는 밭이라면 높은 이랑을 준비합니다.

심는 법   포기 간격 60~80cm, 한 줄로 점뿌리기

가지를 넓게 펼치므로 포기 간격을 넓게 잡고 한곳에 한두 개씩 점뿌리기합니다. 뿌린 뒤 잘 밟아 줍니다.

공영식물

가지 사이사이에 땅콩을 심어 잡초를 억제하고 가지에 양분을 공급할 수 있습니다(77쪽).

추천하는 이어짓기 작물

해마다 같은 이랑에서 땅콩과 보리 또는 십자화과 채소를 번갈아 키우면 좋습니다.

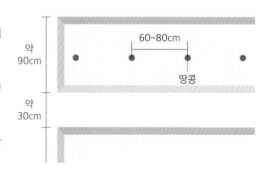

약 90cm   60~80cm   땅콩   약 30cm

웃거름 없는 밭에 씨를 뿌린다

1년 차 생태농법식 밭에서 땅콩을 키우기는 어렵습니다. 덩굴만 웃자라고 땅콩이 열리지 않을 가능성이 크기 때문입니다. 그러므로 1년 차에는 퇴비를 주지 않은 곳에 씨를 뿌립니다. 2년 차부터는 생태농법식 이랑에서 맛있는 땅콩을 거둘 수 있습니다. 한 포기가 사방 1m로 퍼지니 넓은 이랑이 필요합니다.

여름에 노란 꽃이 핍니다. 이 꽃에서 '씨방 자루'라는 덩굴이 자라나 땅속으로 파고들고 그 끝이 부풀어서 땅콩이 됩니다.

씨 뿌리기

5월 초부터 씨를 뿌릴 수 있다

꼬투리를 갈라 땅콩을 꺼내고 속껍질 위에 물로 300배 희석한 양조 식초를 뿌려서 땅에 묻습니다. 두 개씩 심을 때는 땅콩끼리 조금 떨어뜨려 놓습니다. 시기는 5월 초가 적당하지만, 늦가을에 꼬투리째 심기도 합니다. 그러면 겨울이 지나고 날이 따뜻해질 때 싹이 틉니다.

수확할 때까지 방치한다

편하게 내버려 두고 수확할 때를 기다린다

땅콩은 다른 식물을 물리치는 힘이 강한 식물입니다. 주변에 풀도 나지 않아 씨를 뿌리고 나면 손질이 거의 필요 없습니다. 그래서 가지와 땅콩을 섞어 심을 때는 가지가 뿌리를 내린 후에 땅콩을 심어야 합니다.

가을에 잎이 갈색으로 변하면 줄기째 잡아당겨 수확합니다. 씨 땅콩을 남겨서 이듬해에 심고 싶다면 꼬투리째 보관합니다. 꼬투리를 열면 발아율이 떨어집니다.

잎이 노래질 때쯤 미리 수확하여 삶아 먹어도 맛있습니다.

13

가을 옥수수 [볏과]

시원한 계절에 천천히 키우고 쌀겨를 뿌려서 최고의 맛을 끌어낸다

■ 재배 일정(중간지 기준)

6	
7	씨 뿌리기
8	웃거름·유기물 멀칭
9	열매 따기
10	수확
11	
12	
1	

7월 말 전에 씨를 뿌리므로, 수확할 때까지 약 3개월이 걸린다고 하면 10월 말에 수확하게 되는 셈입니다. 따뜻한 지역이라면 더 늦게 씨를 뿌려도 됩니다. 장마철에는 파종을 피하는 것이 좋습니다. 재배 도중에 쌀겨를 두 번 뿌려 줍니다.

이랑의 크기　폭 약 90cm, 높이 약 10cm

공기가 잘 통하는 흙을 좋아합니다. 점토질 밭이라면 높은 이랑을 준비하고 모래질 밭이라면 평평한 이랑을 준비합니다.

심는 법　포기 간격 30cm, 줄 간격 30cm, 세 줄 심기

씨를 한곳에 두 개씩 뿌려서 나중에 솎아 냅니다. 세 줄로 심는 것은 가루받이 성공률을 높이기 위해서입니다.

공영식물

가을 풋콩(129쪽), 덩굴강낭콩(133쪽)을 섞어 심습니다. 이렇게 하면 조명 나방도 피할 수 있습니다.

추천하는 이어짓기 작물

봄에 풋콩을 키우거나 여름에 오이와 가지를 키웠다가 일찍 거둬들인 이랑을 이용하면 좋습니다.

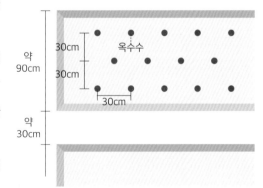

약 90cm
약 30cm
30cm
30cm
30cm
옥수수

이전 작물을 거둬들이고 이랑 모양을 다듬은 뒤 씨를 뿌립니다. 여유가 있다면 경반층을 허물고 이랑을 새로 만들어도 좋습니다.

옥수수를 키울 때는 농사를 처음 짓는 밭이라 해도 발효 부엽토나 부숙 거름을 섞지 않습니다. 처음부터 흙에 양분이 많으면 벌레가 잘 꼬이기 때문입니다. 대신 키우는 도중에 쌀겨를 두 차례 뿌려 줍니다.

가을 옥수수는 밤낮의 기온 차가 클 때 열매가 익어서 당도가 높아집니다. 그러니 가을에 수확하기 좋은 품종을 선택하여 키워 봅시다. 중생종이나 조중생종◆ 중 이 시기에 키울 만한 품종이 꽤 있습니다. 씨앗 포장지의 정보를 확인하시기 바랍니다.

5월 초쯤 씨를 뿌려도 되는데, 그럴 경우 수확은 8월 초순부터 가능합니다.

씨 뿌리기

이랑을 걸으며 씨를 뿌리고 발로 밟아 누른다

씨앗을 한곳에 두 개씩 뿌립니다. 씨를 뿌리고 흙을 덮고 발로 밟아 누릅니다. 강낭콩과 달리 두 번 밟지 않고 씨앗을 뿌린 뒤 한 번만 밟으면 충분합니다. 그런 다음 물로 100배 희석한 양조 식초를 뿌려 줍니다. 그때부터 미생물이 활동하기 시작합니다.

이랑에 두 줄 또는 세 줄로 뿌립니다. 미리 파 놓은 골을 따라 걸으면서 뿌리면 됩니다.

◆ 대부분 작물의 품종은 수확 시기에 따라 조생종, 중생종, 만생종으로 나뉜다. 구체적인 수확 시기는 종과 품종에 따라 다르다.

솎기와 웃거름 주기

본잎이 나오면 쌀겨를 뿌리고 본잎 네댓 장이 나오면 모종을 솎아 낸다

씨를 뿌린 뒤 이랑과 고랑을 유기물로 덮습니다. 보릿짚, 풀, 채소 잔해 등을 이용합니다.

본잎이 나오면 이랑 전체에 웃거름으로 쌀겨를 뿌립니다. 1m²당 양손 가득 담기는 양을 뿌리면 됩니다.

본잎이 네댓 장 나왔을 때 솎아서 한 포기씩만 남깁니다. 비교해 보고 줄기가 굵은 것을 남기고 나머지는 가위로 바싹 자릅니다. 그런 다음 쌀겨를 한 번 더 뿌립니다. 양은 첫 번째와 같습니다.

열매 따기

알찬 열매를 수확하기 위해 하나의 암이삭*에 양분을 집중시킨다

한 그루에 암이삭이 두 개 달립니다. 위에 있는 것만 남기고 아래에 있는 것은 작을 때 따서 애옥수수**로 먹습니다. 암이삭을 아래로 구

이랑 전체에 쌀겨를 뿌린다

남겨서 키운다

약한 모종을 솎아 낸다

쌀겨를 한 번 뿌려서 두 모종이 서로 경쟁하게 만들었다가 본잎이 네댓 개 났을 때 결정한다고 생각하면 됩니다. 옥수수는 암모니아성 질소를 좋아하므로 발효 부엽토보다 생 쌀겨(동그란 사진)를 이용하는 것이 좋습니다.

◆ 옥수수에 저장된 양분 가운데 50% 이상이 저장되는 부분.
◆◆ 영콘 또는 베이비콘이라고도 한다. 길이 7~8cm 정도의 약간 덜 익은 옥수수. 통째로 삶아 샐러드나 피클 또는 볶음 요리에 쓰인다.

아래쪽 암이삭은 작을 때 따서 애옥수수로 맛있게 먹습니다.

옥수수를 수확하고 있습니다. 가루받이가 이루어지는 9월에는 조명나방이 활동하지 않으므로 식해를 당할 염려가 거의 없습니다.

부리면 쉽게 떨어집니다. 이렇게 하나의 암이삭에 양분을 집중시킵시다. 본잎이 예닐곱 개 났을 무렵 잎의 색이 연해지는 듯하면 쌀겨를 다시 한 번 뿌려 줍니다.

수확

암이삭이 뒤로 젖혀지고 수염이 갈색으로 변하면 수확한다

품종에 따라 조금씩 다르지만 대략 씨를 뿌리고 3개월이 지나면 옥수수를 수확할 수 있습니다. 가루받이에 성공하면 암이삭의 수염이 노랗게 변하고 조금 지나 옥수수가 영글면 암이삭이 굵어지면서 뒤로 젖혀질 것입니다.

그리고 수염이 갈색으로 변하고 마르면 수확합니다. 손톱으로 겉껍질을 헤집어서 확인한 다음 수확해도 됩니다.

옥수수는 당도가 하루에 절반씩 떨어지므로 수확한 직후가 가장 맛있습니다. 최소한 알갱이가 딱딱해지기 전에 빨리 먹는 것이 좋습니다.

수꽃을 잘라 인공 가루받이를 시켜 해충 피해를 방지한다!

9월 들어 날이 선선해지면 조명 나방이 서서히 자취를 감춥니다. 그래서 7월 하순에 씨를 뿌리면 해충 피해가 거의 없습니다.

일찍 씨를 뿌렸다면 가루받이 시기와 조명 나방 유충의 활동 시기가 겹쳐 피해를 입기 쉽습니다.

조명 나방은 옥수수의 수꽃으로 날아들어서 꽃 밑에 알을 낳으므로 수꽃이 나오자마자 잘라 버리면 피해를 줄일 수 있습니다.

자른 수꽃을 이웃 옥수수의 암이삭 수염 위에 탁탁 털면 꽃가루가 떨어져 가루받이가 됩니다. 단, 이때 수꽃에는 꽃이 피어 있어야 합니다. 그러면 알이 가지런히 들어찬 옥수수가 열릴 것입니다.

❶ 수꽃을 잘라 냅니다. ❷ 수꽃을 털어서 이웃 옥수수의 암이삭에 꽃가루를 떨어뜨립니다. 옥수수는 한 그루 안에서 수분이 이루어지지 않고 다른 그루의 꽃가루를 받아야 열매를 맺을 수 있는 타가 수분 식물입니다. ❸ 가루받이가 잘 이루어져야 알이 꽉 들어찬 옥수수를 수확할 수 있습니다.

14 / 가을 풋콩 [콩과]

6~7월에 씨를 뿌리는 만생종을 키워 10월에 수확한다
꽃이 필 때 물을 잘 주어야 열매가 실해진다

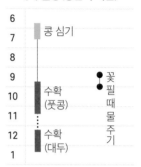

■ 재배 일정(중간지 기준)

월		
6		
7	콩 심기	
8		
9		꽃 필 때 물주기
10	수확 (풋콩)	
11		
12	수확 (대두)	
1		

6월 하순에서 7월 중순 사이에 만생종을 골라 심습니다. 북주기로 생육을 촉진하고 꽃이 피면 물을 줍니다. 심은 후 3개월이면 수확할 수 있습니다. 6월 하순에 심었다면 9월 하순에서 10월 초순에 수확하는 것입니다. 4~5월에 심어 초여름에 거두고 싶다면 조생종을 골라야 합니다.

이랑의 크기 폭 약 90cm, 높이 약 10cm

통기성 좋은 흙에서 잘 자라므로 점토질 밭이라면 높은 이랑을 준비하고 모래질 밭이라면 낮은 이랑을 준비합니다.

심는 법 포기 간격 30cm, 줄 간격 50cm, 두 줄 심기

한곳에 두 개씩 심은 뒤 솎지 않고 그대로 키웁니다. 다른 채소의 이랑 옆에 포기 간격 30cm로 심어도 좋습니다. 감자나 양파를 수확하고 심기도 합니다.

공영식물

가을 옥수수와 섞어 심으면 잘 자랍니다. 옥수수 이랑 옆에 풋콩을 심습니다.

추천하는 이어짓기 작물

해마다 같은 이랑에서 보리 종류와 풋콩을 번갈아 키우면 더욱 좋습니다.

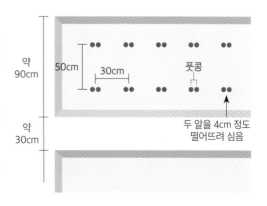

풋콩은 보수성과 통기성이 좋은 토양을 좋아합니다. 그래서 논두렁*에서 키우는 사람이 많습니다.

토질 개선

이전 작물을 거둔 후 거름 없이 시작한다

풋콩은 이전 작물을 거둔 후 퇴비나 거름을 주지 않은 이랑에 심어야 합니다. 그래서 옥수수나 보리처럼 땅속에 거름 성분을 거의 남기지 않는 작물을 거둔 자리에 심는 것이 좋습니다.

흙에 질소 성분이 많으면 덩굴이 웃자랍니다. 따라서 생태농법식 이랑에서는 고구마와 마찬가지로 2년 차부터 키울 수 있습니다.

심기

풋콩을 심을 때는 두 번 밟는다

풋콩과 강낭콩 등 콩을 심을 때는 두 번 밟기(134쪽)로 땅을 다지는

❶ 풋콩에 양조 식초 원액을 뿌린 뒤 땅에 묻습니다. 그러면 모종의 잎이 오그라드는 병을 예방할 수 있습니다. ❷ 뿌림골** 바닥에 콩이 위치하도록 잘 밟아 주면 콩이 수분을 잘 흡수할 수 있습니다.

◆ 물이 괴어 있도록 논의 가장자리를 흙으로 둘러막은 두둑.
◆◆ 씨를 줄뿌리기로 뿌리기 위하여 이랑 위에 미리 파 놓은 얕은 고랑.

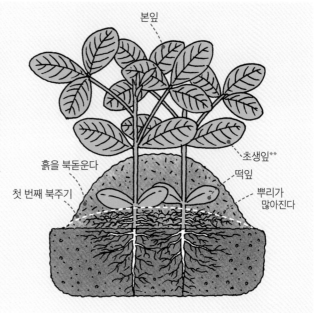

포인트

북주기하여 줄기를 지탱한다

본잎이 나기 시작하면 북주기하여 줄기를 떠받칩니다. 그러면 떡잎 아래의 배축* 부분에서도 뿌리가 나므로 모종이 안정적으로 성장할 수 있습니다. 그 후에도 북주기를 여러 번 하면 줄기가 흔들리지 않을 것입니다. 또 새로운 흙이 신선한 공기를 공급하므로 풋콩의 생장이 더욱 촉진됩니다.

본잎

초생잎**

흙을 북돋운다

떡잎

첫 번째 북주기

뿌리가 많아진다

것이 중요합니다. 그래야 흙이 습기를 잘 유지하고 마르지 않아 콩이 고루 싹트고 잘 자랍니다.

한곳에 두 개씩 심되, 물에 불리면 부피가 두 배 이상 커지니 콩끼리 4cm쯤 떨어뜨립니다. 부푼 콩이 서로 부딪치면 병에 감염될 수 있습니다.

꽃 필 때 물 주기

해충 피해를 줄이고 결실을 촉진한다

풋콩은 꽃이 필 때 흙이 건조하면 열매를 잘 맺지 못합니다. 그래서 비가 내리지 않으면 물을 주어야 합니다.

꽃이 피기 시작하면 콩꼬투리 혹파리가 어디선가 날아와 꽃에 알을 낳습니다. 저녁에 주로 출현하는 이 해충의 유충이 부화하면 꼬투리의 생장이 멈추어 버립니다. 풋콩을 수확할 수 없게 되는 것입니다.

콩꼬투리 혹파리 피해를 입은 풋콩에는 노린재도 꼬입니다. 풋콩의 즙을 빨아 먹는 이 해충 역시 골칫거리입니다.

◆ 고등 식물의 배(胚)에서 중심축을 이루고 있는 부분. 자라서 줄기가 되는데, 위쪽은 떡잎과 어린싹이 되며 아래쪽은 어린뿌리가 된다. 모종의 뿌리에서 새싹까지를 일컫는 말.
◆◆ 떡잎이 나온 후 생기는 두 개짜리 잎. 본잎은 잎이 세 장이다.

전체 꼬투리의 80% 정도가 부풀면 수확합니다. 늦으면 콩이 딱딱해집니다. 수확 시기를 놓쳐서 딱딱해진 콩은 서리가 내릴 때쯤 수확합니다.

그래서 제가 쓰는 방법이 있습니다. 꽃이 활짝 피는 3일 동안 저녁마다 물을 듬뿍 주어 꽃에 물방울이 맺히도록 하는 것입니다. 콩꼬투리 혹파리는 물방울이 붙은 꽃에는 산란하지 않기 때문입니다. 이처럼 저녁마다 물을 주면 해충 피해를 줄일 수 있습니다.

수확

밑동을 잘라 수확하고 되도록 빨리 삶아 먹는다

콩이 다 익으면 녹색이었던 잎이 조금씩 연한 색으로 변합니다.

그때 줄기째 베어 수확합니다. 밭에서 잎을 뜯어내고 줄기와 콩만 집으로 가져와 재빨리 삶아 먹읍시다. 꽃이 필 때 물을 잘 주었다면 가지런하게 들어찬 콩을 맛있게 먹을 수 있습니다.

덩굴강낭콩 [콩과]

늦게 심고 선선한 계절에 수확한다

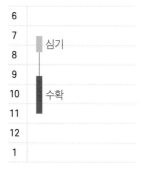

■ 재배 일정(중간지 기준)

6	
7	심기
8	
9	
10	수확
11	
12	
1	

7월 중순에서 8월 중순 사이에 심고, 더위가 누그러지는 9월 이후에 수확합니다. 심은 뒤 지지대를 세워 덩굴을 유인할 준비를 합니다.

이랑의 크기   **폭 약 90cm, 높이 약 10cm**

통기성 좋은 흙에서 잘 자랍니다. 점토질 밭이라면 높은 이랑을, 모래질 밭이라면 낮은 이랑을 준비합니다.

심는 법   **포기 간격 25~30cm, 줄 간격 70cm, 두 줄 심기**

한곳에 두 알을 심은 뒤 솎지 않고 그대로 키웁니다. 그림을 참고하여 가지런히 심습니다.

공영식물

포기 사이의 빈 공간을 이용하여 소송채, 경수채 등 십자화과 채소를 키울 수 있습니다.

추천하는 이어짓기 작물

봄 오이를 거둔 자리에 심으면 오이의 지지대를 그대로 이용할 수 있습니다.

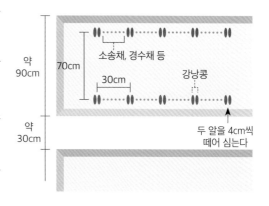

흙 만들기

퇴비나 거름 없이 이랑을 만든다

가을 풋콩(129쪽)처럼 거름 성분이 없는 이랑을 준비합니다. 퇴비나 화학 비료를 주면 진딧물이 꼬여서 갓 나온 떡잎이 오그라들기 쉽습니다.

2년 차 생태농법식 이랑에서는 비료를 주지 않아도 덩굴강낭콩을 충분히 키울 수 있습니다.

심기

심기 전에 흙을 밟고, 심고 나서 흙을 북돋운 다음 다시 밟는다

심을 곳을 밟아서 다지고 콩을 두 알씩 심습니다. 콩 위에 흙을 덮은 다음 한 번 더 밟습니다. 이렇게 두 번 밟아 단단해진 흙은 습기를 잘 유지하므로 강낭콩이 고르게 싹을 틔울 것입니다. 풋콩과 마찬가지입니다.

꾹꾹 밟아야 싹이 골고루 튼다

강낭콩도 풋콩처럼 단단한 흙을 좋아합니다. 그래야 흙이 잘 마르지 않는 데다 콩이 흙과 밀착하여 수분을 흡수하기 쉽기 때문입니다. 흙을 잘 밟아 주면 콩이 뿌리를 지하로 뻗으면서 금세 흙을 가르고 싹을 틔울 것입니다.

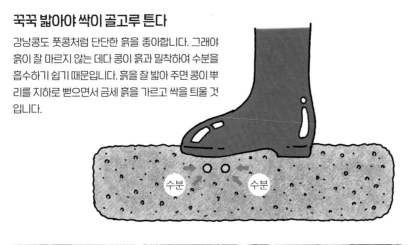

❶ 체중을 실어 흙을 밟은 다음 구멍을 뚫습니다. ❷ 구멍에 콩 두 알을 4cm 정도 간격을 두고 놓아 둡니다. ❸ 발로 흙을 가져와 콩 위에 덮습니다. ❹ 마지막으로 한 번 더 밟습니다.

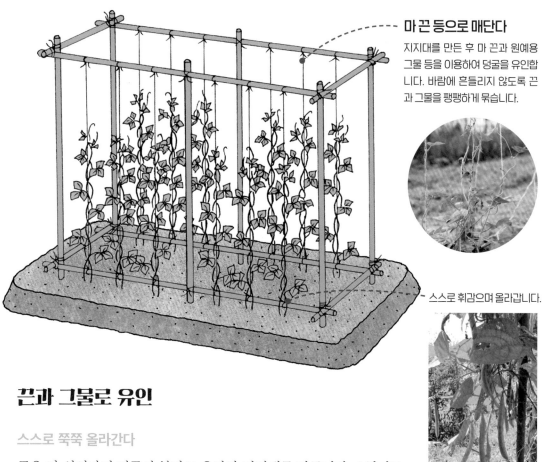

마 끈 등으로 매단다

지지대를 만든 후 마 끈과 원예용 그물 등을 이용하여 덩굴을 유인합니다. 바람에 흔들리지 않도록 끈과 그물을 팽팽하게 묶습니다.

스스로 휘감으며 올라갑니다.

끈과 그물로 유인

스스로 쭉쭉 올라간다

콩을 다 심었다면 덩굴이 붙잡고 올라갈 지지대를 만듭니다. A형이든 직립형이든 좋으니 마음에 드는 것을 고르면 됩니다. 손이 닿는 높이로 만들어야 수확할 때 편합니다. 태풍을 대비하여 튼튼하게 조립합시다. 두 알씩 뿌린 강낭콩이 경쟁하듯 싹을 틔우고 덩굴을 지지대에 휘감으며 성장할 것입니다.

수확

9월 중순부터 꾸준히 수확한다

2개월쯤 지나면 수확이 시작됩니다. 어린 꼬투리가 부드럽고 맛있지만 약간 성숙한 것도 콩에 맛이 들어 조림 요리에 쓰기 좋습니다. 수확은 꾸준히 이어지며, 날이 선선해지면 본격적으로 양이 늘어납니다. 요리할 때 필요한 만큼 따서 사용하면 됩니다.

16 가을 감자 [가짓과]

작은 감자를 선택하여 자르지 않고 심는 것이 퇴비나 거름을 주지 않고
최고의 맛을 끌어내는 비결

■ 재배 일정(중간지 기준)

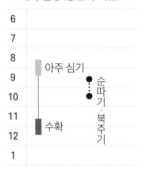

옮겨심기 적기는 더위가 누그러진 8월 하순부터 9월 초순까지입니다. 싹이 나오면 북주기, 순따기를 합니다. 재배 기간은 약 3개월, 서리가 내리기 전 수확합니다.

이랑의 크기　폭 약 80cm, 높이 약20cm

배수와 통기성이 좋아야 합니다. 점토질 밭이면 이랑을 높게, 모래질이면 낮게 만듭니다.

심는 법　포기 간격 30cm, 줄 간격 50cm, 두 줄 심기

구멍을 15~20cm 깊이로 파고 마른풀을 깝니다. 씨감자를 넣고 약 3cm 두께로 흙을 덮습니다.

공영식물

재배 중에 여러 번 북주기하므로 이랑에 다른 채소를 섞어 심을 수 없습니다. 감자 하나만 키웁니다.

추천하는 이어짓기 작물

감자는 옥수수나 오이류와 이어서 재배하면 좋습니다. 토마토, 가지 등과 같은 가지류 다음에 감자를 심으면 좋지 않습니다.

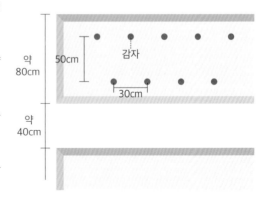

토질 개선

거름을 주지 않은, 배수가 잘되는 이랑을 선택한다

이전 작물을 거둔 뒤 씨감자를 심습니다. 감자는 배수가 잘되는 흙을 좋아하므로 점토질 밭이라면 이랑을 높게 만듭니다. 거름은 주지 않습니다. 거름을 많이 주고 키운 감자는 맛이 좋지 않고 보존성도 떨어집니다. 석회 비료를 주는 사람이 많은데, 오히려 석회 때문에 토양이 알칼리성이 되면 감자에 병이 생깁니다.

생태농법식 이랑에서는 마른풀(강아지풀이나 바랭이 등 부드러운 풀)을 이랑 밑에 묻은 다음 씨감자를 심습니다(138쪽 참고).

가을 감자는 더위가 누그러지고 장마가 끝난 8월 하순에서 9월 초순 사이에 심습니다.

휴면 기간이 긴 남작 감자 등은 가을에 심으면 싹이 잘 나지 않으므로 대지, 추백, 홍감자 등 휴면 기간이 짧은 품종을 선택하는 것이 좋습니다.

씨감자 심기

씨감자는 자르지 않고 통째로, 배꼽 방향을 맞춰 심는다

가을 감자는 땅이 따뜻할 때 심으므로 봄 감자처럼 잘라서 심으면 썩어 버립니다. 때문에 자르지 않고 통째로 심어야 합니다.

씨감자에서 뿌리가 나와 흙의 양분을 흡수할 수 있게 되면 씨감자 자체의 양분은 필요 없어집니다. 그래서 크기가 40~50g 정도면 충분하니 가을 감자의 씨감자는 작은 것으로 고릅시다.

심을 때는 씨감자 밑에 마른풀을 묻습니다. 그러면 땅의 습기가 적당히 유지되고 통기성도 좋아집니다. 메마른 밭일 경우 한 포기당 손바닥 절반 분량의 쌀겨를 마른풀 위에 뿌려 주어 토양 미생물을 활성화합니다.

감자를 심을 때 '배꼽' 방향을 맞추어 심는 것도 중요합니다. 그래

배꼽 방향을 맞춘다

배꼽은 씨감자 표면의 움푹 들어간 부분입니다. 배꼽 방향을 맞추어 포기 간격 30cm로 심습니다.

포기 간격이 일정해진다

배꼽 방향을 통일하면 싹의 간격이 일정해져 자라는 동안 지상부의 줄기가 엉키지 않고 가지런하게 큽니다.

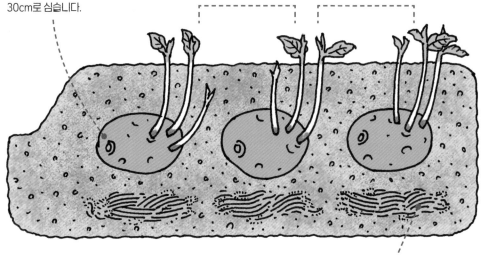

강아지풀 등 마른풀을 묻어 둡니다.

배꼽

작은 감자를 통째로 심는다

가을 감자를 키울 때는 크기가 작은 씨감자를 통째로 심습니다. 그러므로 씨감자를 구입할 때는 작은 감자가 되도록 많이 들어 있는 봉지를 고르는 것이 경제적입니다. 사진에 보이는 '배꼽'은 땅속에서 어미 감자와 이어져 있었던 흔적으로, 움푹 들어가 있습니다.

30cm 간격으로 15~20cm 깊이의 구멍을 파고 마른풀을 묻은 다음 씨감자를 하나씩 놓습니다. 이때 배꼽 방향을 통일해야 이후 생장이 순조롭습니다.

❶ 구멍에 마른풀을 깝니다. ❷ 흙을 조금 덮어 마른풀을 묻습니다. ❸ 씨감자를 놓습니다. ❹ 흙을 3cm 정도 덮어 씨감자를 묻습니다. 그런 다음 싹이 트면 다시 주위 흙을 가져다 덮어 씨감자 위에 10cm 두께의 흙이 쌓이도록 합니다.

얽힌 싹이나 가는 싹을 솎아 낸다

싹이 가지런히 나 포기가 10cm쯤 자라면 싹을 땁니다. 가는 싹과 얽힌 싹을 솎아서 비슷한 크기의 싹 세 개만 남도록 합니다. 처음에 난 큰 싹은 제거합니다. 그래야 나중에 나온 싹이 가지런하게 잘 자랍니다. 감자 재배의 숨은 팁입니다.

비틀어 잡아뗀다

❶ 줄기 밑동을 손으로 누른 상태로 땅 부근에서 싹을 비틀며 잡아당깁니다. 똑바로 뽑으려 하면 싹이 도중에 끊어질 수 있습니다. ❷ 가는 싹을 솎아 냅니다.

야 싹이 텄을 때 포기 간격이 일정해져서 광합성을 충분히 할 수 있습니다.

북주기와 싹 따기

같은 크기의 싹을 세 개만 남긴다

싹이 나면 주위 흙을 가져다 덮습니다. 심을 때는 3cm를 덮었지만 북주기를 반복하여 최종적으로 씨감자 위에 10cm 정도의 흙이 덮이도록 합니다. 고랑에는 유기물 멀치를 깝니다.

싹이 많이 나면 세 개만 남기고 다 따 버립니다. 비슷한 크기의 싹으로 세 개를 남겨야 합니다. 싹을 딸 때는 씨감자가 딸려 나오지 않

❶ 심은 뒤 약 3개월이 지나면 잎이 노래지고 거무스름한 반점이 생기는데 그때 수확하면 됩니다.
❷ 맑은 날에 수확합니다. 삽으로 캐다가 감자를 찌르지 않도록, 호미로 조심스럽게 파냅니다.

도록 줄기 밑동을 손으로 누르면서 싹을 비틀어 제거합니다.

　복잡하게 얽힌 싹이나 가는 싹을 제거하고 건강한 싹을 세 개 남깁니다. 이렇게 하면 수확할 때 감자의 크기가 일정해집니다.

수확

11월부터 12월 초순 사이에 잎이 노래지면 호미로 흙을 일구어 감자를 캡니다.

　캔 감자는 씻지 않고 잘 말려 골판지 상자나 종이 쌀자루에 보관합니다. 사과와 함께 넣어 두면 싹이 나지 않습니다. 이것을 이듬해 봄까지 보관하면 씨감자로 이용할 수 있습니다. 파랗게 변한 감자는 독소가 있으니 먹지 않고 씨감자로 이용합니다.

이것이 생태농법 이다!

봄 감자를 키울 때는 잡초를 바람막이로 이용한다

발아와 초기 생육을 촉진하여 재배 기간을 충분히 확보한다

봄 감자는 중간지를 기준으로 아직 땅과 공기가 차가운 2월 하순에서 3월 초순 사이에 심습니다. 지역에 따라 시기를 조정합니다.

이랑을 동서 방향으로 세우고 북쪽의 잡초를 남겨 두어 찬바람을 막으면 발아가 빨라지고 초기 생육도 양호해집니다. 이랑 북쪽에 보리 종류를 뿌려서 키우는 것도 효과적입니다. 되도록 일찍부터 귀리 등을 뿌려 둡시다. 동서 방향의 이랑은 햇볕을 받아 금세 데워지며, 잡초와 보리는 키 작은 식물을 찬바람에서 지켜 주고 햇볕을 붙잡아 줍니다. 핵심은 흙을 벌거벗은 채 두지 않는 것입니다. 그래야 생물 활성도도 높아지고 땅도 따뜻해집니다.

가을 감자와 마찬가지로 씨감자 밑에는 마른풀을 묻습니다. 통기성이 좋아지고 미생물이 활성화되어 땅이 따뜻해집니다.

잡초와 보리로 찬바람을 막는다

봄 감자를 키울 때 이랑 북쪽에 잡초가 나 있으면 베지 않고 남겨 두어 바람막이로 이용합니다. 보리(귀리 등)를 심어 울타리로 삼는 것도 좋습니다. 북주기하면서 키우고 장마 전에 수확합니다.

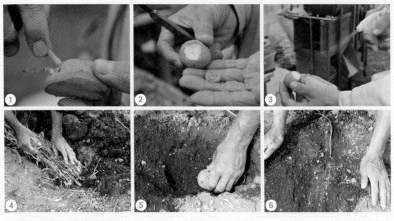

씨감자 심는 요령

❶ 씨감자의 싹은 꺾어서 제거합니다. 큰 감자는 반으로 자릅니다. ❷ 배꼽 부분을 도려내면 싹이 더 잘 납니다. ❸ 잘린 면에 양조 식초 원액을 발라 살균합니다. ❹❺ 강아지풀을 묻고 흙으로 덮은 후 씨감자를 놓습니다. ❻ 약 3cm 두께로 북주기합니다. 북쪽으로 흙을 조금 더 높이 쌓아 바람을 막습니다.

흙 만들기: 거름 없이

심는 시기: 2월 하순~3월 중순

심는 법: 포기 간격 30cm

관리: 싹 따기, 북주기

수확 : 장마 전

※ 봄 감자의 경우, 씨감자를 2~3조각으로 잘라서 심습니다. 심는 감자에는 꼭 '싹눈'이 있어야 하기 때문에 감자 '싹눈'을 기준으로 자릅니다. 2~3일 간 말려서 심습니다.

17 여름 당근 [미나리과]

씨를 뿌리고 발로 꾹꾹 밟으면 골고루 싹이 트고 통통한 당근이 열린다

■ 재배 일정(중간지 기준)

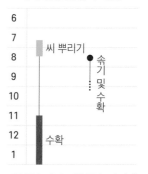

월	
6	
7	씨 뿌리기
8	솎기 및 수확
9	
10	
11	
12	수확
1	

7월 중순에서 8월 중순 사이에 파종하며, 장마철을 피하는 것이 좋습니다. 씨를 다소 촘촘하게 뿌리고 나중에 솎아 내면서 천천히 크게 키웁니다. 손가락 다섯 마디 크기의 당근이라면 4개월 후부터 수확할 수 있으며, 밭에 남겨 두고 이듬해 봄까지 차례차례 수확해도 됩니다. 또 꽃대가 거의 웃자라지 않는 봄 품종의 경우 3월에 씨를 뿌리고 6월에 수확할 수 있습니다. 처음 한동안은 부직포로 덮어 보온하며 키웁니다.

이랑의 크기 폭 약 80cm, 높이 약 20cm

배수가 잘되는 흙을 좋아합니다. 점토질 밭이라면 높은 이랑을, 모래질 밭이라면 낮은 이랑을 준비합니다.

심는 법 포기 간격 15cm, 네 줄 심기

뿌림골을 네 줄 긋고 약 2cm 간격으로 씨를 하나씩 뿌립니다. 여러 번 솎아 내서 최종 포기 간격을 약 10cm로 만듭니다.

공영식물

당근과 순무를 한 줄씩 번갈아 심으면 둘 다 해충이 잘 생기지 않습니다.

추천하는 이어짓기 작물

봄에 풋콩을 심었던 이랑에 당근 씨를 뿌리면 잘 자랍니다. 양파를 거둔 이랑도 좋습니다.

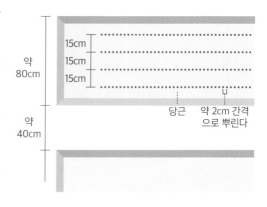

약 80cm / 15cm / 15cm / 15cm / 약 40cm / 당근 / 약 2cm 간격으로 뿌린다

흙 만들기

퇴비나 화학 비료 없이 배수가 잘되는 이랑을 만든다

농사를 처음 짓는 메마른 밭이라면 우선 경반층을 허물고 이랑을 세운 다음 발효 부엽토나 부숙 거름을 1m²당 1L 표층에 섞습니다. 그리고 일주일쯤 재운 다음 씨를 뿌립니다.

이때 흙을 자잘하게 부수어서는 안 됩니다. 어떤 채소든 똑같지만, 크고 작은 흙덩어리가 동글동글하게 섞여 있는 흙이 가장 좋습니다. 미생물이 활발하게 활동하며 채소를 잘 키워 주기 때문입니다.

원래 채소를 키우던 밭이라면 발효 부엽토도 필요 없습니다. 이전 작물을 정리한 뒤 이랑 모양을 다듬고 씨 뿌릴 준비를 하면 됩니다. 여유가 있다면 경반층을 허물고 이랑을 세워도 좋습니다. 생태농법식 이랑에서는 2년 차부터 뿌리를 길게 뻗는 뿌리채소를 본격적으로 재배할 수 있습니다.

당근 씨는 봄에 뿌려도 되지만 여름에 뿌리면 재배 기간이 길어져서 더 단단하고 맛있는 5치 당근*을 수확할 수 있습니다.

씨 뿌리기

씨 뿌린 뒤 물 줄 필요 없이 오로지 밟는다

당근을 키울 때 제일 어려운 일이 씨를 골고루 발아시키는 것입니다. 이것만 성공하면 수확할 때까지 별다른 어려움이 없습니다.

씨를 뿌린 뒤에는 흙을 꾹꾹 밟아서 표층의 흙을 단단히 다져야 합니다. 물은 주지 않습니다. 그래야 씨앗이 수분을 찾아 뿌리를 깊고 안정적으로 뻗으며, 땅속에서 올라온 수분을 충분히 저장할 것입니다.

단, 제대로 밟지 않아서 흙이 마르면 문제가 됩니다. 비가 내리거나 물을 줄 때는 씨앗이 수분을 흡수하여 뿌리를 뻗지만, 그 후에 흙이 마르면 쉽게 시들기 때문입니다. 수분이 있는 곳까지 뿌리를 깊이 뻗어야 걱정이 없습니다.

◆ 당근의 대형 품종. 한 치는 3cm이므로 5치는 15cm이다. 5촌(寸) 당근이라고도 한다.

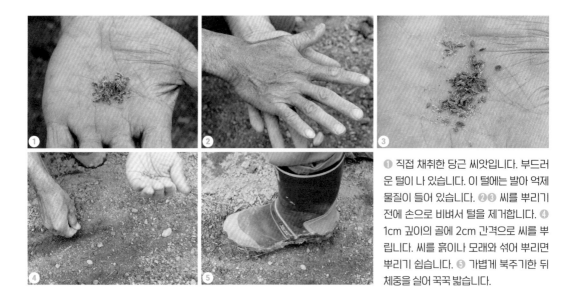

❶ 직접 채취한 당근 씨앗입니다. 부드러운 털이 나 있습니다. 이 털에는 발아 억제 물질이 들어 있습니다. ❷❸ 씨를 뿌리기 전에 손으로 비벼서 털을 제거합니다. ❹ 1cm 깊이의 골에 2cm 간격으로 씨를 뿌립니다. 씨를 흙이나 모래와 섞어 뿌리면 뿌리기 쉽습니다. ❺ 가볍게 북주기한 뒤 체중을 실어 꾹꾹 밟습니다.

열심히 밟고 나서 싹이 트기를 기다립시다. 실제로 2주 동안 비가 내리지 않았는데도 모든 씨가 싹을 틔웠던 경험이 있습니다.

솎아 내며 키운다

당근은 솎으면서 키워야 합니다.

당근은 옆 당근과 잎이 닿을 정도가 되어야 안심하고 잘 자랍니다. 한 포기씩 떨어져 있으면 잘 자라지 않습니다.

❶ 처음 솎을 때는 가위를 씁니다. 손으로 뽑으면 옆 포기의 뿌리가 상하기 때문입니다. 흙 속에 남긴 뿌리는 분해되어 양분이 됩니다. ❷ 두 번째부터는 잡아서 뽑습니다. 솎아 낸 당근은 맛있게 먹으면 됩니다. 단, 소독한 씨앗을 심었을 경우에는 떡잎을 먹으면 안 됩니다.

잎꼭지가 퍼지면 수확한다

수직으로 서 있었던 잎이 옆으로 퍼졌다면 수확할 크기 (5치 당근의 경우 약 15cm)가 되었다는 뜻입니다. 영양 생장이 끝난 것입니다.

씨를 촘촘하게 뿌렸으므로 본잎이 나오면 잎이 빽빽해지기 시작합니다. 그러면 솎아서 옆 포기와 잎이 닿을 듯 말 듯하게 만듭니다. 그 후에도 2~3회 솎아서 최종 포기 간격을 10cm로 벌립니다.

수확

잎을 모아 쥐고 잡아당겨 수확합니다. 씨를 뿌린 뒤 흙을 제대로 밟았다면 당근이 통통하게 자라 있을 것입니다. 부드러운 흙에서는 당근이 길쭉해지기 쉽습니다. 당근과 무 같은 뿌리채소는 흙이 눌려서 단단해져야 뿌리가 둥글어지는 경향이 있습니다.

5월 초에
열매채소를 심는다

아주 심기 전에 물로 300배 희석한 양조 식초에 모종을 담가 바닥으로 식초 물을 흡수시킵니다. 토마토 모종은 옆으로 눕힙니다. 이렇게 하면 줄기에서도 뿌리가 나서 모종이 건강하게 자랍니다.

늦서리가 끝나면 아주 심기한다

1년 차 생태농법식 이랑에서는 여름에 열매채소를 키웁니다. 지금까지 17종의 채소 재배법을 소개했으니, 그중 마음에 드는 채소를 골라 키워 봅시다. 여름 채소는 냉해 걱정이 없어지는 5월 초에 아주 심기할 계획으로 모종을 준비합니다. 때가 되면 이랑 위의 풀과 억새를 살짝 걷어 내고 구멍을 파서 모종을 심습니다.

심기 전에 뿌리분에 수분을 공급하는 것이 중요합니다. 옆 사진처럼 화분 바닥으로 대야의 물을 흡수시켜서 뿌리의 흡수력을 강화하는 것입니다. 이렇게 하면 심은 후에 물을 주지 않아도 됩니다.

땅에 물을 주면 원래 물을 찾아 아래로 자라나야 할 뿌리가 게을러져서 제대로 자라지 않게 됩니다.

옆의 그림은 모종 심는 요령을 보여 줍니다. 가지는 양분을 찾아 잎과 줄기를 넓게 펼치므로 이랑 한가운데에 심습니다. 토마토는 양분이 너무 많으면 가지가 웃자라고 열매가 부실해지므로 이랑 끝에 심습니다. 피망은 둘의 중간 정도로 생각하면 됩니다.

가지와 피망은 1년 차부터 많이 수확할 수 있습니다. 키우는 도중에 열매가 부실해진다면 고랑의 흙을 퍼서 이랑에 덮습니다. 그러려면 고랑의 토질도 미리 개선해 두어야 합니다(37쪽 참고).

참고로 토마토는 양분이 그다지 필요하지 않으니, 북주기하지 않고 그대로 키웁니다.

1년 차 생태농법식 이랑에서 봄 감자를 키우는 것은 시간상 무리입니다. 무나 당근도 첫해에는 흙 속 유기물의 방해를 받아 쌍 뿌리로 크기 쉽습니다. 봄에 감자, 무, 당근을 키우고 싶다면 46쪽에서 소개한 것처럼 발효 부엽토와 부숙 거름을 이용한 이랑을 준비합니다. 2년 차부터는 어떤 채소든 키울 수 있습니다.

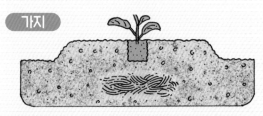

가지

많은 양분을 필요로 하는 가지는 유기물 근처에 심어야 합니다. 줄기와 잎이 넓게 벌어지기도 하니 이랑 한가운데에 심습니다.

피망

피망은 원래 양분이 적은 땅을 좋아하는 채소지만 가지 심는 곳과 토마토 심는 곳의 중간쯤에 심으면 열매를 꾸준히 맺을 것입니다.

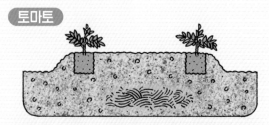

토마토

토마토는 양분이 적은 땅을 좋아합니다. 양분이 많으면 덩굴이 웃자라므로 모종을 유기물에서 멀리 떨어진 이랑 가장자리에 심습니다.

가을이 되면 열매채소를 정리하고 잎채소나 뿌리채소를 심는다

1년 차 가을에는 어떤 채소든 심을 수 있다

여름 채소를 정리했다면 추동 채소를 심어 봅시다. 앞으로 148쪽부터는 잎채소, 뿌리채소, 월동채소* 재배법을 소개하겠습니다. 가을쯤 되면 흙의 생물 활성도가 충분히 높아져 있을 테니 어떤 채소든 키울 수 있습니다. 땅속의 억새와 낙엽도 깨끗이 분해되었으므로 무나 당근이 쌍 뿌리로 자랄 걱정도 없습니다.

거듭 말하지만, 생태농법에서는 밭을 갈지 않고 비료도 주지 않습니다. 그렇다고 추동 채소를 곧바로 심는 것은 아닙니다. 흙 속에 공기를 넣어 생물 활성도를 높이는 과정이 필요합니다. 이랑 관리는 확실하게 해야 합니다(44쪽 참고).

아래 그림은 서로 잘 맞는 이어짓기 작물의 조합을 나타냅니다. 연간 농사 계획을 세울 때 참고하시기 바랍니다.

여름 채소를 정리하고 이랑에 공기를 넣어 준 후 잎채소, 뿌리채소를 심습니다. 이듬해에도 트랙터와 비료를 쓰지 않는다는 원칙을 지키며 여름 채소를 키우고 똑같은 과정을 반복합니다.

■ 추천하는 이어짓기 작물

여름	가을
토마토, 오이	완두콩
가지	브로콜리, 무
호박	누에콩, 대두
감자	대두, 당근, 가을 옥수수
고구마	양파
옥수수	덩굴강낭콩, 가을 감자
풋콩	당근, 소송채, 소순무

* 이른 봄에 먹을 수 있게 늦은 가을에 심어 밭에서 겨울을 나는 채소.

흙 만들기

배추는 반드시 결구되어야 하는 채소인데, 초기에 뿌리를 제대로 내리지 못해서 성장이 늦어지면 결구에 실패할 위험이 있습니다. 생태농법을 갓 시작한 밭에서는 우선 밑거름을 충분히 주어 모종이 안심하고 뿌리를 뻗을 수 있는 토양 환경을 만들어야 합니다.

생태농법에서 추천하는 밑거름은 발효 부엽토나 부숙 거름입니다. 점토질 밭에서는 1m²당 1L, 보통 밭에서는 2L, 모래질 밭에서는 3L를 주면 됩니다. 이전 작물을 거둬들인 뒤 이랑을 세우고 표층 10cm까지의 흙에 이 밑거름을 섞습니다.

그 상태로 3주 정도 안정시킨 뒤 배추 모종을 심습니다. 흙이 잘 만들어진 후에는 밑거름조차 필요 없어집니다.

■ 재배 일정(중간지 기준)

3	■ 아주 심기(봄)
4	
5	
6	■ 수확
7	
8	■ 아주 심기(가을)
9	
10	
11	
12	■ 수확

봄배추는 벚꽃이 필 때 심고, 가을배추는 60일, 90일 배추가 있으니 지역에 따라 선택하여 심습니다. 봄배추는 심은 후에 부직포로 덮어 보온합니다. 가을배추는 심은 후에 방충망 터널을 둘러 줍니다.

[이랑의 크기] 폭 약 80~90cm, 높이 약 10cm
이랑을 높여 배수를 원활하게 합니다. 배수가 잘 안 되는 점토질 밭에서는 약 20cm의 높은 이랑을 준비합니다.

[심는 법] 포기 간격 45~50cm, 두 줄 어긋 심기
모종을 포기 간격 50cm, 줄 간격 50cm로 두 줄로 나누어 심습니다. 150쪽 그림처럼 서로 어긋나게 심습니다.

[공영식물]
쑥갓이나 양상추 같은 국화과 채소와 섞어 심으면 해충 피해를 줄일 수 있습니다.

[추천하는 이어짓기 작물]
십자화과 채소를 키웠던 이랑은 좋지 않습니다. 가을배추는 오이, 수박 등을 일찍 거둬들인 이랑에 심는 것이 좋습니다.

◆ 배추 따위의 채소 잎이 여러 겹으로 겹쳐서 둥글게 속이 드는 일, 속이 차는 일.

[포인트] 봄배추는 꽃대 웃자람에 주의한다
봄에 배추를 심으려면 꽃대가 웃자라지 않는 봄 품종을 고르는 것이 중요합니다. 또 심은 후에 부직포로 덮거나 터널을 설치하여 모종을 보온하면 꽃대 웃자람을 방지할 수 있습니다. 양배추, 브로콜리, 열무 등을 여름에 키울 때도 마찬가지입니다.

모종 준비

배추 모종은 반드시 본잎이 서너 장 나 있는 '어린 모종'이어야 합니다. 뿌리가 둘둘 말린 늙은 모종은 순조롭게 뿌리를 내리지 못해 늦게 자랍니다. 가을배추는 생육이 늦어지면 잎이 충분히 나기 전에 추위가 시작되므로 결구하지 못합니다.

그런데 대개의 시판 모종은 뿌리분에 양분이 지나치게 많아서 양분이 상대적으로 적은 이랑의 흙 속으로 뿌리를 뻗으려 하지 않습니다. 그러므로 초기에는 밑거름을 듬뿍 주는 것이 좋습니다.

모종 화분에 씨를 뿌려서 키운 배추 모종입니다. 본잎이 네 장 나왔으므로 밭에 아주 심기합니다.

아주 심기 전에 흙을 누른다

모종을 심을 곳을 미리 밟습니다. 다음 사진과 같이 걸으며 이랑을 밟아서 발자국을 두 줄로 내는 것입니다. 흙이 단단하게 눌리면서 충분한 습기와 적당한 압력을 가하므로 어린 모종이 뿌리를 쭉쭉 뻗을 수 있습니다.

배추는 초기에 생육이 늦어지면 치명적이기 때문에 아주 심기 전에 흙을 눌러서 발아와 생육에 좋은 환경을 만드는 것이 특히 중요합니다.

심기 전에 이랑을 밟아서 누르면 배추가 뿌리내리기 쉬워진다

이랑 위를 천천히 걸으며 배추를 심을 곳을 밟아 두 줄의 발자국을 냅니다. 그러면 배추가 뿌리내리기 쉬워집니다. 다만 흙이 너무 젖어 있을 때는 밟으면 역효과가 나니 주의합시다(57쪽 '주의' 참고).

배추의 '아주 심기 전 누르기'

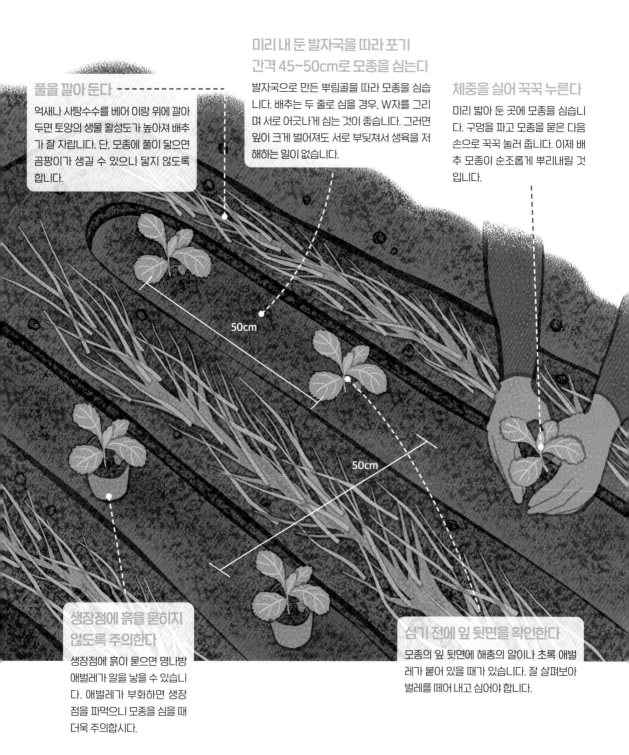

풀을 깔아 둔다

억새나 사탕수수를 베어 이랑 위에 깔아 두면 토양의 생물 활성도가 높아져 배추가 잘 자랍니다. 단, 모종에 풀이 닿으면 곰팡이가 생길 수 있으니 닿지 않도록 합니다.

미리 내 둔 발자국을 따라 포기 간격 45~50cm로 모종을 심는다

발자국으로 만든 뿌림골을 따라 모종을 심습니다. 배추는 두 줄로 심을 경우, W자를 그리며 서로 어긋나게 심는 것이 좋습니다. 그러면 잎이 크게 벌어져도 서로 부딪쳐서 생육을 저해하는 일이 없습니다.

체중을 실어 꾹꾹 누른다

미리 밟아 둔 곳에 모종을 심습니다. 구멍을 파고 모종을 묻은 다음 손으로 꾹꾹 눌러 줍니다. 이제 배추 모종이 순조롭게 뿌리내릴 것입니다.

50cm

50cm

생장점에 흙을 묻히지 않도록 주의한다

생장점에 흙이 묻으면 명나방 애벌레가 알을 낳을 수 있습니다. 애벌레가 부화하면 생장점을 파먹으니 모종을 심을 때 더욱 주의합시다.

심기 전에 잎 뒷면을 확인한다

모종의 잎 뒷면에 해충의 알이나 초록 애벌레가 붙어 있을 때가 있습니다. 잘 살펴보아 벌레를 떼어 내고 심어야 합니다.

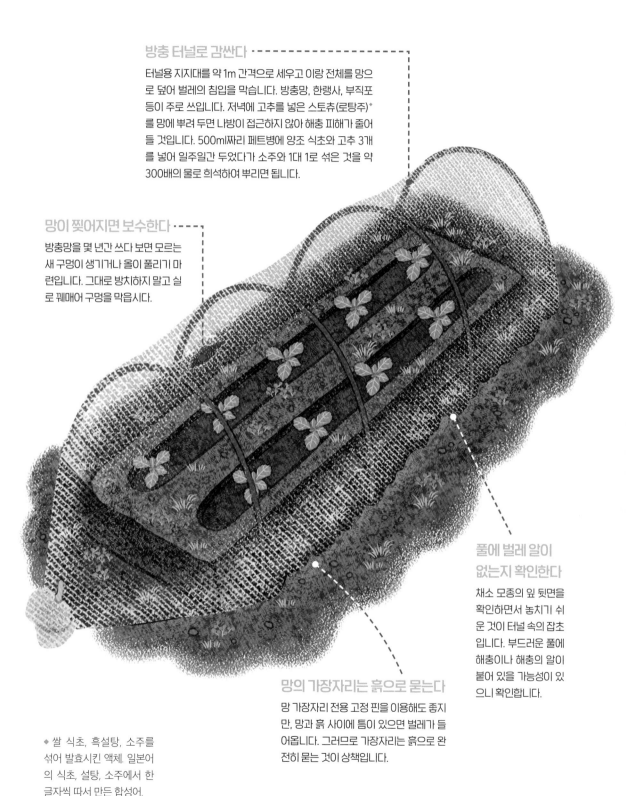

방충 터널로 감싼다

터널용 지지대를 약 1m 간격으로 세우고 이랑 전체를 망으로 덮어 벌레의 침입을 막습니다. 방충망, 한랭사, 부직포 등이 주로 쓰입니다. 저녁에 고추를 넣은 스토츄(로탕주)* 를 망에 뿌려 두면 나방이 접근하지 않아 해충 피해가 줄어들 것입니다. 500ml짜리 페트병에 양조 식초와 고추 3개를 넣어 일주일간 두었다가 소주와 1대 1로 섞은 것을 약 300배의 물로 희석하여 뿌리면 됩니다.

망이 찢어지면 보수한다

방충망을 몇 년간 쓰다 보면 모르는 새 구멍이 생기거나 올이 풀리기 마련입니다. 그대로 방치하지 말고 실로 꿰매어 구멍을 막읍시다.

풀에 벌레 알이 없는지 확인한다

채소 모종의 잎 뒷면을 확인하면서 놓치기 쉬운 것이 터널 속의 잡초입니다. 부드러운 풀에 해충이나 해충의 알이 붙어 있을 가능성이 있으니 확인합니다.

망의 가장자리는 흙으로 묻는다

망 가장자리 전용 고정 핀을 이용해도 좋지만, 망과 흙 사이에 틈이 있으면 벌레가 들어옵니다. 그러므로 가장자리는 흙으로 완전히 묻는 것이 상책입니다.

◆ 쌀 식초, 흑설탕, 소주를 섞어 발효시킨 액체. 일본어의 식초, 설탕, 소주에서 한 글자씩 따서 만든 합성어.

병충해 대책

가을배추를 심는 9월 전후는 아직 기온이 높아 해충의 활동이 활발한 시기입니다. 아주 심기 직후의 작은 모종은 해충에게 식해를 당하면 치명적이니 한동안 방충망 터널을 이용하여 해충을 막아야 합니다.

효과를 최대화하려면 모종을 심자마자 방충망을 즉시 설치해야 합니다. 방충망 터널부터 먼저 설치해 놓고 가장자리를 젖혀서 모종을 심는 사람도 있을 정도입니다. 터널 안의 풀을 베거나 모종을 돌보기 위해 망을 젖힐 때도 작업을 되도록 단시간에 끝냅니다.

봄배추의 경우 부직포를 덮어 줍니다. 이를 통해 냉해를 예방하고 방충 효과도 얻을 수 있습니다.

수확

아주 심기 후 60일쯤 지나면 배추를 수확할 수 있습니다(90일 배추는 수확시기가 다름). 잎이 꽉 들어차고 꼭대기의 잎이 약간 젖혀져 입술을 벌린 듯한 모양이 되면 수확할 때가 된 것입니다. 칼로 밑동을 잘라 수확합니다.

가을배추는 한꺼번에 거둬들이지 않고 초봄까지 밭에 남겨 두어도 됩니다. 끈으로 묶고 잎을 감싸 서리를 피하고 먹을 만큼만 조금씩 수확하면 됩니다.

배추가 뿌리를 잘 내리고 빨리 자란다!

성장을 촉진하고 잡초를 막아 주어 밭일이 쉬워진다

배추를 키울 때는 검정색 비닐도 유용합니다. 흙을 따뜻하게 데워서 배추가 잘 자라도록 만들기 때문입니다.

빛을 차단하는 검정색 비닐 덕분에 햇볕이 땅에 닿지 않아 잡초가 자라지 않습니다. 그래서 따로 김을 맬 필요가 없습니다. 비가 내려도 배추에 진흙이 튀지 않으므로 흙에 의해 생기는 병도 예방할 수 있습니다.

아주 심기 3주 전에 이랑에 밑거름을 주고 모양을 다듬은 다음에 이랑 전체를 검정색 비닐로 덮어서 아주 심기를 준비합시다.

그동안 비닐 아래의 흙은 온도가 적당히 올라가고 습기가 유지되므로 생물 활성도가 높아져 있을 것입니다. 여기에 모종을 심으면 고르게 발아하고 빨리 자랍니다.

아주 심기 직후라서 약간 시들시들해 보이지만 괜찮습니다. 다음 날이면 잎이 쫙 펴질 것입니다.

❶ 구멍을 판다

아주 심기 직전에 비닐에 구멍을 뚫습니다. 그전에는 구멍을 뚫지 않고 이랑을 잘 덮어 두어 보온, 보습, 잡초 방지 효과를 최대한 끌어올립니다. 구멍을 뚫을 때는 화분보다 조금 더 크게 뚫습니다.

❷ 화분을 제거한다

심기 10~15분 전에 300배의 물로 희석한 식초에 담가 바닥으로 식초 물을 흡수시킨 모종 화분입니다. 화분 바닥의 구멍을 손으로 누르면 모종이 쉽게 빠집니다. 뿌리가 삐죽삐죽 튀어나온 이상적인 어린 모종입니다.

❸ 뿌리분을 넣는다

구멍 안에 뿌리분을 넣습니다. 브로콜리나 양배추와는 달리, 배추는 뿌리분이 부서지지 않도록 조심해서 다루어야 합니다. 구멍과 뿌리분 사이의 틈을 흙으로 메웁니다. 구멍을 팔 때 나온 깊은 곳의 흙이라면 더 좋습니다.

❹ 손으로 꾹꾹 누른다

체중을 실어 모종 주위의 흙을 꾹꾹 눌러 줍니다. 그러면 모종이 순조롭게 뿌리를 내릴 것입니다. 물을 주면 오히려 뿌리내림이 늦어지니 물 주기는 생략합니다.

19 양배추, 브로콜리 [십자화과]

여름 채소를 거둬들인 뒤 밑거름 없이 심고,
뿌리가 말린 늙은 모종은 뿌리를 끊어서 심는다

흙 만들기

가을 양배추, 가을 브로콜리를 키우려면 여름 채소를 거둬들이고
이랑 모양을 다듬은 후 모종을 심으면 됩니다. 양배추와 브로콜
리를 아주 심기할 이랑에는 밑거름을 주지 않아도 됩니다. 양배

포기 간격 45~50cm, 두 줄 어긋 심기

폭 80~90cm의 이랑에 W자를 그리듯 서로 어긋나게 심습니다. 양배추,
브로콜리의 포기 간격은 배추보다 약간 좁습니다.

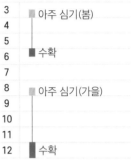

■ 재배 일정(중간지 기준)

3	아주 심기(봄)
4	
5	
6	■ 수확
7	
8	아주 심기(가을)
9	
10	
11	
12	■ 수확

4월 초순이나 8월 이후에 아주
심기합니다. 봄에 심은 것은 배
추처럼 부직포로 덮어 보온합니
다. 가을에 심은 것은 방충망 터
널로 보호합니다.
양배추, 브로콜리를 봄에 키우려
면 꽃대가 거의 웃자라지 않는
봄 전용 품종을 골라야 합니다.

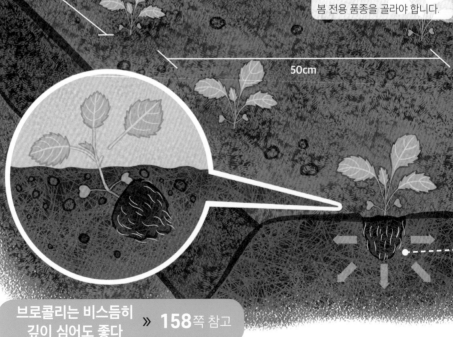

45~50cm

50cm

브로콜리는 비스듬히
깊이 심어도 좋다 » **158**쪽 참고

추와 브로콜리는 느리지만 크고 알차게 자라는 채소입니다.

　다만 생태농법을 시작한 지 얼마 되지 않은 밭에서 조생 양배추를 그해에 일찍 수확하고 싶을 경우, 또는 땅 온도가 낮을 때 짧은 기간에 여름 작물을 키워 내야 하는 경우에는 배추와 마찬가지로 밑거름(148쪽 참고)을 주어 생물 활성도를 높이는 것이 좋습니다.

이랑의 크기　폭 약 80~90cm, 높이 약 10cm

이랑을 높여 배수를 원활하게 합니다. 배수가 잘 안 되는 점토질 밭에서는 약 20cm의 높은 이랑을 준비합니다.

심는 법　포기 간격 45~50cm, 두 줄 어긋 심기

포기 간격 45~50cm, 줄 간격 50cm로, 두 줄로 나누어 서로 어긋나게 심습니다.

공영식물

배추와 마찬가지로 쑥갓과 양배추 등 국화과 채소를 섞어 심으면 해충 피해를 줄일 수 있습니다.

추천하는 이어짓기 작물

십자화과 채소를 키웠던 이랑은 피합니다. 가을 채소일 경우에는 오이나 수박을 일찍 거둬들인 자리에 심는 것이 좋습니다.

양배추, 브로콜리의 '뿌리 끊어 심기'

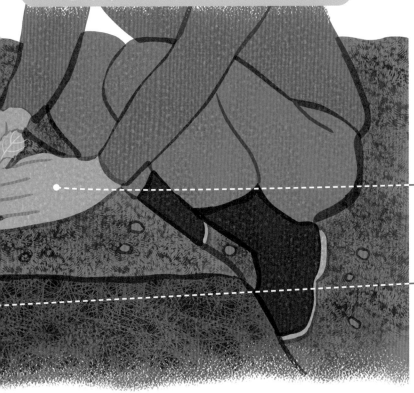

손으로 꾹꾹 누른다

체중을 실어 흙을 꾹 누릅니다. 잘 눌러야 뿌리가 순조롭게 자랍니다.

뿌리가 말린 모종은 뿌리를 끊어 심는다

그대로 심지 않고 뿌리분을 털어 뿌리를 절반 정도 끊어서 심으면 빨리 활착합니다. 브로콜리는 깊이 심어야 줄기가 안정됩니다.

모종 심기

본잎이 서너 장 난 튼튼한 모종을 심습니다. 미리 물로 300배 희석한 양조 식초를 모종 뿌리 부분에 흡수시킵니다.

폭 80~90cm의 이랑에 포기 간격 45~50cm, 두 줄로 나누어 서로 어긋나게 심습니다.

브로콜리는 줄기가 길어서 약간 깊이 심어야 안정됩니다. 비스듬히 깊이 심어도 됩니다(158쪽 참고). 한편 양배추는 줄기가 길지 않으므로 얕게 심습니다.

뿌리 끊어 심기

배추와 달리 양배추와 브로콜리는 뿌리가 둘둘 말린 늙은 모종도 심을 수 있습니다. 그런 모종은 오히려 뿌리의 재생력이 강하여 조금만 손질하면 아주 심기 후 매우 잘 자랍니다.

여기서 말하는 손질이란 '뿌리 끊어 심기'입니다. 뿌리분을 털어 뿌리를 절반 정도 뜯어내고 심는 것입니다. 그런 모종이 오히려 뿌리를 잘 내리고 뿌리 양을 금세 늘립니다.

❶ 브로콜리 모종입니다. 화분을 빼 보니 뿌리가 말려 있습니다. 이대로 심어도 되지만 뿌리를 끊고 심는 것이 더 좋습니다. ❷ 뿌리분을 털어 내고 뿌리를 절반 정도 뜯어냅니다. ❸ 구멍에 뿌리분을 묻고 잘 눌러 줍니다.

수확

양배추를 손으로 눌러 보아 속이 단단하게 꽉 차 있다면 수확합니다. 봄 양배추의 경우에는 수확할 때 기후가 고온 다습하므로 통 터짐*이나 부패를 일으킬 수 있습니다. 그러니 포기가 꽉 찰 때까지 기다리지 않고 일찍 수확하는 것이 좋습니다.

브로콜리는 정화뢰(꽃눈 덩어리)**가 지름 10cm 이상으로 커졌을 때 칼로 잘라 수확합니다. 가을 브로콜리는 잎 밑동에서 차례차례 나오는 측화뢰(곁꽃봉오리)를 꾸준히 수확할 수 있습니다.

◆ 양배추 등 결구하는 채소의 통이 벌어지는 현상.
◆◆ 화뢰는 꽃봉오리의 집합체로, 측화뢰는 위로 똑바로 자라는 정화뢰 부근의 잎 겨드랑이에서 생긴 화뢰를 말한다.

뿌리 양이 금세 늘고 잘 자란다!
브로콜리의 '비스듬히 깊이 심기'

깊이 심으면 모종이 안정되고 뿌리 양이 금세 늘어나 잘 자란다

뿌리가 말린 늙은 브로콜리 모종을 일찍 뿌리내려서 무럭무럭 자라게 만드는 아주 심기의 요령을 소개하겠습니다.

바로 뿌리를 끊은 모종을 옆으로 눕혀서 줄기를 지면에 묻어 심는 '비스듬히 깊이 심기' 입니다. 본잎만 땅 위로 나오게 하고 그 아랫부분을 다 땅속에 묻으면 됩니다. 심고 나서 제일 밑의 본잎도 가위로 자릅니다. 그러면 새잎이 빨리 나옵니다.

이 방법을 쓰면 묻힌 줄기에서 부정근이 나와 양분을 흡수하므로 모종의 성장이 왕성해 집니다. 또, 뿌리가 늘어나므로 적은 양분으로도 잘 자라게 됩니다. 줄기를 땅속에 심었기 때문에 모종이 안정되어 바람에도 강해집니다. 물론 뿌리를 끊었으니 새로운 뿌리도 순조롭게 나올 것입니다.

심은 뒤 본잎을 한 장 자른다

심고 나서 잘 누른 다음 맨 밑의 본잎을 가위로 자릅니다. 그러면 새로운 잎이 빨리 납니다. 모종의 줄기가 길어져 있다면 본잎을 자른 부분까지 흙으로 덮어 주어도 됩니다.

깊이 심기

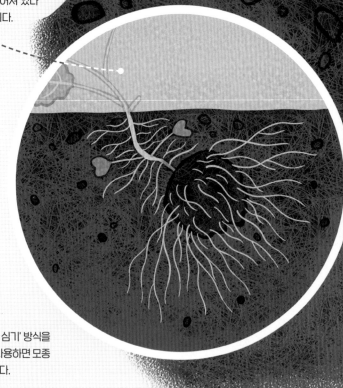

일반적으로는 브로콜리를 똑바로 세워 깊이 심는 '깊이 심기' 방식을 씁니다. 이것을 진화시킨 '비스듬히 깊이 심기' 방식을 사용하면 모종이 바람에 흔들리지 않게 되어 더 확실히 뿌리를 내립니다.

손으로 꾹꾹 누른다

다 심은 후 손에 체중을 실어 꾹꾹 눌러서 뿌리내림을 촉진합니다. 물은 주지 않습니다.

줄기에서 뿌리가 난다

뿌리를 끊었으므로 새로운 뿌리가 나와 모종을 빨리 안정시킵니다. 묻힌 줄기에서도 부정근이 나옵니다. 이처럼 모종을 비스듬히 깊이 심으면 뿌리의 양이 신속히 늘어날 뿐만 아니라 지상부도 잘 자랍니다.

떡잎까지 묻는다

가로로 길게 판 구멍에 모종을 눕히고 흙을 덮은 뒤 맨 밑의 본잎만 땅 밖으로 나오도록 북주기합니다. 본잎은 땅 밖으로 내고 떡잎은 땅에 묻는 것입니다.

20 / 양상추 [국화과]

늙지 않은 작은 모종을 여름 채소를 정리한 이랑에 밑거름 없이 심는다

양상추는 '작은 모종 심기'

포기 간격 30cm, 줄 간격 30cm, 세 줄 어긋 심기

양상추는 배추처럼 잎을 크게 펼치지 않으므로 포기 간격, 줄 간격을 30cm로 좁게 잡고 세 줄로 심습니다. 이랑 폭 80cm를 확보하기 어렵다면 두 줄로 나누어 서로 어긋나게 심습니다.

밑거름은 필요 없다

밑거름을 주지 않고 여름 채소가 쓰고 남은 거름 성분만으로 천천히 키웁니다. 웃거름도 기본적으로 필요 없습니다. 단, 습기가 과하거나 기온이 너무 높아지면 병이 생기기 쉬우니 10~15cm 높이의 이랑을 준비하여 배수를 원활하게 합니다.

■ 재배 일정(중간지 기준)

월	일정
3	아주 심기(봄)
4	
5	수확
6	
7	
8	
9	아주 심기(가을)
10	
11	
12	수확

양상추는 시원한 기후를 좋아하므로 9월 이후에 아주 심기합니다. 그래서 보통 가을과 겨울에 키우지만, 4월 초순에 심어서 날씨가 더워지기 전에 수확할 수도 있습니다.

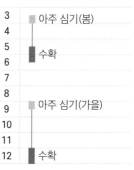

30cm

작은 모종 심기

본잎이 두세 장인 작은 모종을 심은 후 손으로 꾹꾹 눌러 줍니다. 물은 주지 않습니다. 특히 결구 양상추의 경우 늙은 모종을 심으면 결구가 제대로 이루어지지 않습니다.

폭 약 80~90cm, 높이 약 10~15cm

배수가 잘 안 되는 밭에서는 높은 이랑을 준비합니다. 가을에 심을 경우에는 은박지 비닐을 사용하면 좋습니다. 빛을 반사하는 은박지 비닐은 사과 과수원에서 많이 씁니다.

심는 법 **포기 간격 30cm, 줄 간격 30m**

이랑이 넓다면 세 줄로 나누어 서로 어긋나게 심습니다. 이랑 폭이 60cm 정도로 좁다면 두 줄로 나누어 어긋나게 심습니다.

공영식물

대개의 십자화과 채소와 잘 맞습니다. 특히 양배추나 무와 섞어 심으면 둘 다 잘 자랍니다.

추천하는 이어짓기 작물

가을 양상추는 오이, 수박을 키웠던 이랑에 심거나 토마토, 가지를 일찍 거둬들인 자리에 심으면 좋습니다. 봄 양상추는 양배추, 배추, 당근을 키웠던 이랑에 심습니다.

흙 만들기

이전 작물을 거두고 이랑 모양을 다듬은 뒤 양상추 모종을 심습니다. 양상추는 양배추, 브로콜리처럼 천천히 키워도 되는 채소라서 밑거름이 필요 없습니다. 배추처럼 서두르지 않아도 됩니다.

그러나 비가 많이 오면 약해지니 습기 피해를 막기 위해 이랑을 높이 만드는 것이 좋습니다.

모종 심기

본잎이 두세 장 난 작은 모종을 심습니다. 물로 300배 희석한 양조 식초를 대야에 넣고 화분 바닥으로 미리 흡수시킵니다.

폭 80~90cm의 이랑에 포기 간격과 줄 간격 30cm로, 세 줄로 나누어 서로 어긋나게 심습니다. 하나의 이랑에 양상추만 키워도 되지만 양배추나 배추를 키우는 이랑에 양상추를 섞어 심어도 좋습니다.

작은 모종 심기

뿌리가 말린 늙은 모종은 반드시 찌그러진 양상추로 자랍니다. 양배추나 브로콜리와는 달리 뿌리분을 털어 뿌리를 끊어서 심어도 소용이 없으니, 무조건 작은 모종을 심어야 합니다.

1호 화분(지름 3cm)에 씨를 뿌리고 25일쯤 키워서 본잎이 두세 장쯤 나오면 밭에 옮겨 심습니다. 그러면 순조롭게 뿌리를 내리고 곧게 자라 깔끔하게 결구할 것입니다.

수확

가을 양상추는 결구하고 나면 추위에 약해지므로 늦지 않게 수확해야 합니다. 손으로 포기를 눌러 보았을 때 탄력이 느껴지고 결구 상태가 단단한 것부터 칼로 밑동을 잘라 수확합니다. 봄 양상추 역시 기온이 올라가면 꽃대가 웃자라므로 늦지 않게 수확해야 합니다. 단, 잎상추*는 먹을 만큼만 바깥쪽 잎을 뜯어 가며 꾸준히 수확할 수 있습니다.

결구, 반결구, 잎상추 등
다양한 상추를 즐기자

잎상추❶나 반결구 상추❷❸를 심을 때는 반드시 작은 모종을 심지 않아도 괜찮습니다. 이 품종들은 결구 상추❹보다 키우기 쉽습니다. 잎상추는 소송채처럼 씨를 직접 뿌린 다음 솎아 내한 포기씩만 남겨서 키웁니다.

◆ 잎이 결구하지 않고 퍼져서 나는 상추. 잎이 길게 갈라지며, 잎의 가장자리가 밋밋하다. 우리나라 사람들이 쌈 채소로 흔히 이용하는 양상추(lettuce)의 한 종류다. 우리나라에서는 반대로 잎상추를 '상추'라 하고 결구된 상추를 '양상추'로 부른다.

십자화과 채소와 잘 맞는 공영식물 추천

옆 사진은 양배추의 초록 애벌레 피해를 줄이기 위해 잎상추를 섞어 심은 모습입니다. 양배추의 간격을 70cm 정도로 벌리고 양상추를 양배추 사이에 배치하면 둘 다 서로를 방해하지 않고 잘 자랍니다.

땅을 식히는 은박지 비닐

양상추는 시원한 기후를 좋아합니다. 그래서 가을 양상추는 기온이 내려가기 시작하는 9월 이후에 심습니다. 더위와 지나친 습기를 싫어하므로 은박지 비닐 또는 열을 반사시키는 멀칭 비닐을 이용해 땅을 식혀서 생장을 촉진하고 질병을 예방합니다.

이처럼 땅을 식혀 주는 은박지 비닐로 양상추가 좋아하는 시원한 환경을 만들 수 있습니다.

21 무 [십자화과]

한곳에 세 개씩 점뿌리기하고 씨 뿌리기 전후로 흙을 밟아 준다

이랑의 크기 폭 약 80cm, 높이 약 10cm

이랑을 높여 배수를 원활하게 합니다. 배수가 잘 안 되는 점토질 밭이라면 20cm 정도로 높은 이랑을 준비합니다.

심는 법 포기 간격 30cm, 줄 간격 40cm

두 줄로 나누어 서로 어긋나게 점뿌리기합니다. 한곳에 씨를 세 개씩 뿌린 뒤 싹이 트면 솎아 내서 한 개만 남깁니다.

공영식물

국화과의 양상추와 쑥갓을 섞어 심으면 무의 해충 피해가 줄어듭니다. 당근과도 잘 맞으므로, 무의 줄 간격을 넓게 띄우고 이랑 한가운데에 당근 씨앗을 줄뿌리기해서 키우는 것도 괜찮습니다.

추천하는 이어짓기 작물

해마다 같은 이랑에서 무를 계속 키우면 매끈하고 달콤한 무를 얻을 수 있습니다. 토양에 관련된 병도 잘 생기지 않습니다.

■ 재배 일정(중간지 기준)

3	■ 씨 뿌리기(봄)
4	
5	
6	■ 수확
7	
8	
9	■ 씨 뿌리기(가을)
10	
11	
12	■ 수확

봄에 무를 심으려면 꽃대가 웃자라지 않는 품종을 선택하여 벚꽃 필 무렵에 씨를 뿌립니다. 가을에 심는다면, 9월 이후 날이 선선해진 후 씨를 뿌립니다. 씨를 뿌리고 3개월 정도 지나면 수확할 수 있습니다.

'두 번 밟기'와 '뒤꿈치에 심기'

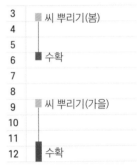

발끝과 뒤꿈치를 이어 붙이며 걷는다

씨 뿌리기 전에 발끝과 뒤꿈치를 이어 붙이며 걸어서 흙을 눌러 줍니다. 씨 뿌릴 줄을 따라 걸으며 이랑에 두 줄의 발자국을 냅니다.

꾹꾹 밟아서 흙이 수분을 머금게 한다

체중을 실어 땅을 밟으면 흙의 표층이 단단히 다져집니다. 그러면 땅속에서 수분이 올라와 표층에 머무르므로 씨앗이 싹트기 좋은 환경이 만들어집니다.

포기 간격이 약 30cm가 된다

뒤꿈치 흔적이 약 30cm 간격으로 나 있으므로 포기 간격을 여기에 맞춥니다. 발이 작은 사람은 뒤꿈치 자국을 한 번 더 내는 등 편리한 방법을 궁리해 봅시다.

흙 만들기

이전 작물을 거둬들이고 이랑 모양을 다듬은 뒤 약 80cm 폭의 이랑을 준비합니다. 무를 키울 때는 밑거름이 필요 없습니다. 거름을 주지 않아도 잘 자라는 채소이기 때문입니다. 오히려 비료를 많이 주면 무가 맛이 없어집니다.

씨 뿌리기

80cm 폭의 이랑에 두 줄로 서로 어긋나게 심습니다. 포기 간격은 30cm로 한곳에 세 개씩 뿌립니다.

무를 맛있게 키우려면 뿌리를 깊이 뻗도록 만들어야 합니다. 그렇게 하면 아주 적은 비료로도 무 본연의 맛을 이끌어 낼 수 있습니다.

여기에 무 뿌리를 깊이 뻗게 만드는 방법이 있습니다. 바로 '두 번

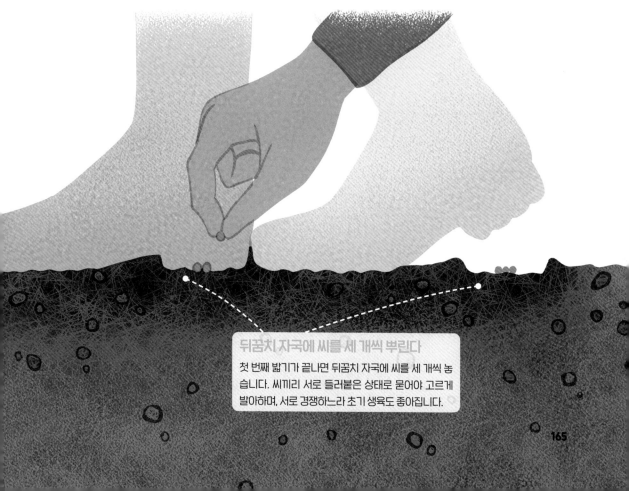

뒤꿈치 자국에 씨를 세 개씩 뿌린다
첫 번째 밟기가 끝나면 뒤꿈치 자국에 씨를 세 개씩 놓습니다. 씨끼리 서로 들러붙은 상태로 묻어야 고르게 발아하며, 서로 경쟁하느라 초기 생육도 좋아집니다.

두 번 밟기, 세 개씩 점뿌리기

❶ 이랑 위를 천천히 걸으며 두 줄로 발자국을 냅니다. 두 줄의 뒤꿈치 자국이 서로 어긋나도록 합니다. ❷ 뒤꿈치 자국에 무씨를 세 개씩 떨어뜨립니다. ❸❹ 발로 흙을 가져와 씨를 덮은 다음 밟아 누릅니다. 익숙해지면 걸으면서 두 줄을 동시에 밟을 수 있습니다.

무씨

무씨는 한 꼬투리 안에 다섯 개 정도 생깁니다. 그래서 꼬투리가 저절로 땅에 떨어지면 한곳에 싹이 다섯 개씩 나는 것입니다. 종자 회사에서 판매하는 씨앗의 경우 씨앗을 받아 이듬해 씨앗을 파종하면 발아율이 떨어지는 경우가 있으므로 새 씨앗을 구입해서 파종하는 것이 좋습니다.

밟기'입니다.

　두 번 밟기란 씨를 뿌리기 전에 흙을 한 번 밟아 주고 씨를 뿌린 다음 다시 한 번 밟아 주는 것입니다. 꾹꾹 밟아 주면 씨가 흙에 단단히 박히므로 안심하고 뿌리를 뻗습니다. 약하게 누르면 뿌리를 내리려 할 때 씨앗이 위로 떠올라 뿌리를 뻗지 못합니다.

솎아 내기

솎아 내기는 건강한 포기를 남겨서 키우기 위한 작업입니다.

　어떤 포기를 솎아 낼까요? 벌레 먹었거나 잎 색이 변한 것을 솎아 낼 수도 있지만 아무래도 가장 큰 원칙은 '처음 솎을 때는 크게 자란 것을 솎아 낸다'입니다. 이유는 167쪽 그림에서 설명하겠습니다.

한곳에 세 개씩 점뿌리기하고 꾹꾹 눌러 주면 씨앗들이 서로 경쟁하며 가지런히 자라므로 한눈에 비교하여 판단하기 쉽습니다.

수확

본잎이 대여섯 장 나면 두 번째로 솎아 내고 한 포기만 남깁니다. 솎아 낸 어린싹은 데쳐 먹거나 샐러드용으로 사용합니다.

조생종은 씨를 뿌린 뒤 약 60일 후, 만생종은 약 90일 후부터 수확할 수 있습니다. 바깥쪽 잎이 처지면 영양 생장이 끝난 것입니다. 그때 잎을 모아 쥐고 당겨서 수확합시다. 수확이 늦으면 무에 바람이 드니 때를 놓치지 말아야 합니다. 겨울에 수확한 무는 무청이 자라지 않도록 잎을 최대한 바짝 자르고 뿌리도 잘라 흙 속에 묻어 두면 초봄까지 잘 보존됩니다.

속아 낸다

흙을 덮는다

❶ 솎을 때는 가위를 땅에 바싹 대고 밑동을 자릅니다. 잡아당기면 남은 뿌리가 상할 수 있으니 주의하세요. ❷ 다 솎은 후 남은 무의 밑동에 흙을 덮고 눌러 안정시킵니다.

먼저 자란 포기를 가위로 잘라 낸다

먼저 자란 포기는 혼자 흙 속에서 양분을 찾아내 흡수한 포기입니다. 이런 포기를 남기면 나중에 벌레가 꼬이거나 병이 생기기 쉬우니 미리 솎아 내는 것이 좋습니다. 자연계에서도 웃자란 포기가 벌레에게 먹히거나 바람에 부러져서 저절로 도태되는 경우가 많습니다.

솎아 내는 시기

첫 번째 : 본잎 한두 장

두 번째 : 본잎 대여섯 장

첫 번째에는 크게 자란 포기를 솎아냅니다. 이 포기가 양분을 많이 소모한 덕분에 흙의 영양 균형이 맞아떨어져 남은 포기들이 건강하게 자랄 것입니다. 두 번째 솎을 때는 직감을 활용해야 합니다. 잘 살펴보아 잎이 균형 있게 좌우 대칭으로 전개된 것을 남깁니다.

먼저 크는 포기는 쌍 뿌리가 될 가능성이 크다

먼저 크는 무는 양분을 지나치게 흡수하여 뿌리가 두 갈래로 갈라질 가능성이 큽니다. 가위로 잘라서 근처에 던져 두면 뿌리와 잎이 미생물에게 분해되어 양분이 될 것입니다.

잡초와 흙을 한꺼번에
깎아서 고랑에 던진다.

이것이
생태농법
이다!

채소 주변의 잡초를 억제하여
초기 생육을 촉진하는 기술
씨를 뿌리기 전에 이랑 표면의 흙을 깎아 낸다

이랑의 잡초를 흙과 함께 긁어서 고랑으로 던진다

여름 채소를 거둬들인 후 추동 채소를 위한 이랑을 준비합시다.

여름 내 이랑이 상당히 무너졌을 테니 일단 고랑의 흙을 퍼서 모양을 다듬습니다. 이랑을 다듬은 뒤 2주쯤 지나면 표면에 잡초가 자라기 시작할 것입니다. 그 상태로 채소 씨앗을 뿌리면 어느새 잡초가 우세해지고 채소는 사라져 버립니다.

그러므로 씨 뿌리기 직전에 괭이로 이랑 표면의 흙을 잡초와 함께 얇게 깎아 내서 고랑으로 던져 둡시다.

그러면 한동안 잡초가 나지 않을 것입니다. 고랑에서 막 올라왔던 잡초도 이랑에서 떨어진 흙 밑에 깔려 죽습니다. 이 간단한 방법으로 채소의 초기 생육을 돕고 잡초도 제거할 수 있습니다.

고랑에서 자라던
잡초도 흙 밑에
깔려 죽는다.

추동 채소를 키울 때는 기본적으로 밑거름이 필요 없다

여름 채소를 키웠던 이랑에는 밑거름을 줄 필요가 없습니다. 단, 배추를 키울 이랑(148쪽)에만 밑거름을 주어 뿌리내림을 촉진하면 됩니다.

이랑을 정비했다면 최소한 2주간 그대로 묵혀 둡니다. 추동 채소의 씨를 뿌리기 전에 흙이 뒤집혀서 혼란해진 토양 미생물을 안정시키기 위해서입니다.

시금치 [명아줏과]

씨는 줄뿌리기하고 뿌리기 전과 뿌린 후 흙을 두 번 밟는다

흙 만들기

이전 작물을 거둬들이고 이랑을 다듬은 뒤 밑거름 없이 씨를 뿌립니다. 무와 마찬가지로 '두 번 밟기'를 하여 뿌리가 깊이 자라도록 합니다. 그렇게만 하면 뿌리가 스스로 양분을 찾을 테니 밑거름이 필요 없습니다. 이렇게 키운 시금치가 비료로 키운 시금치보다 맛있습니다. 이것이 진정한 생태농법식 흙 만들기입니다.

씨 뿌리기

폭 80~90cm의 이랑을 준비한 뒤 뿌림골을 네 줄로 긋고 약 2cm 간격으로 줄뿌리기합니다.

씨를 뿌리는 방법은 170쪽 왼쪽 사진과 같습니다. 뿌리기 전과 뿌린 후에 흙을 발로 꾹꾹 밟아 줍니다. 흙이 단단히 다져지면 뿌리가 양분과 수분을 찾기 위해 길고 건강하게 자랄 것입니다.

■ 재배 일정(중간지 기준)

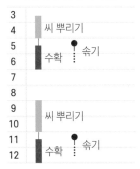

시금치는 서늘한 기온을 좋아하므로 봄과 가을에 씨를 뿌립니다. 봄에 심으려면 꽃대가 웃자라지 않는 품종을 고릅니다. 동양 품종은 꽃대가 웃자라기 쉬우니 봄이 아닌 가을에 씨를 뿌리는 것이 좋습니다.

이랑의 크기　폭 약 80~90cm, 높이 약 10cm
이랑을 높여 배수를 원활하게 합니다. 농사를 지은 적 없는 새로운 밭에는 1m²당 1L의 발효 부엽토나 부숙 거름을 섞습니다.

심는 법　포기 간격 15cm, 줄 간격 10cm
약 2cm 간격으로 줄뿌리기한 뒤 나중에 솎아 내서 포기 간격을 10cm로 벌립니다.

공영식물
가지나 토마토 이랑의 가장자리에 시금치 씨를 뿌려서 키우면 공간을 효과적으로 활용할 수 있습니다.

추천하는 이어짓기 작물
무 또는 당근과 번갈아 키우면 좋습니다. 이렇게 해마다 반복하면 채소의 품질이 점점 좋아질 것입니다.

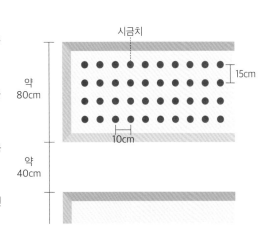

약 2cm 간격으로 씨를
한 개씩 떨어뜨린다

시금치 씨앗을 줄뿌리기하는 모습입니다. 되도록 같은 간격으로 뿌리고 같은 깊이로 묻습니다. 공평하게 같은 환경으로 만들어 주어야 고르게 발아합니다.

시금치 씨

오른쪽은 둥근 서양종 씨앗, 왼쪽은 가시가 있는 동양종 씨앗입니다. 시금치 씨는 강모래와 함께 비벼 가볍게 상처를 낸 다음에 심으면 싹이 더 잘 틉니다.

솎기와 수확

시금치는 여러 번 솎아서 최종 포기 간격을 10cm로 벌립니다. 이랑이 전체적으로 복잡해지면 솎을 포기의 밑동을 가위로 잘라 옆 포기와 잎이 겹치지 않도록 합니다.

키가 15cm 정도 되면 칼로 밑동을 잘라 수확합니다. 겨울에 수확한 시금치는 당도가 높아 더욱 맛있습니다.

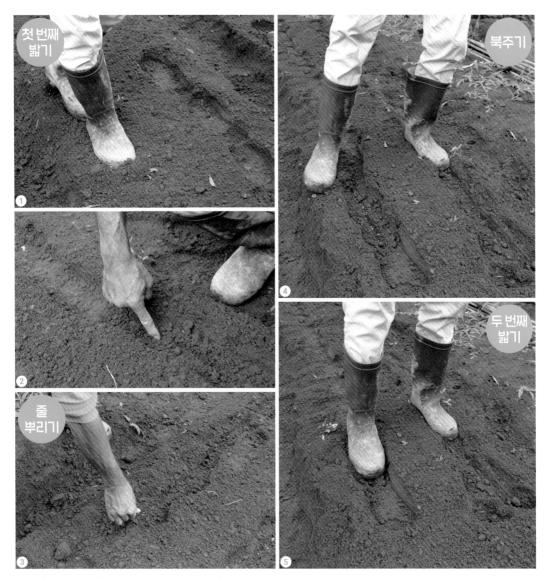

시금치와 우엉은 두 번 밟아 줄뿌리기한다

❶ 뿌림골을 따라 이랑 위를 걸으며 첫 번째로 흙을 밟습니다. 시금치 씨는 줄뿌리기하므로 무처럼 뒤꿈치 위치를 신경 쓰지 않아도 됩니다. ❷ 손가락으로 뿌림골을 팝니다. ❸ 뿌림골에 씨앗을 약 2cm 간격으로 떨어뜨립니다. ❹❺ 걸으며 발로 흙을 가져와 씨 위에 덮은 후 밟아 줍니다. 이제 시금치 씨 뿌리기가 끝났습니다. 물은 주지 않습니다.

우엉도 씨 뿌릴 때 두 번 밟는다

우엉 씨는 봄과 가을에 뿌린다

우엉 씨는 봄과 가을에 뿌립니다. 봄 우엉은 4~5월 무렵에 씨를 뿌리고 가을부터 이듬해 봄에 꽃대가 설 때까지 계속 수확합니다. 가을 우엉은 9월 이후에 씨를 뿌리고 이듬해 초여름에 수확합니다.

초기 생육은 느립니다. 잡초가 우세해지지 않도록 부지런히 김을 매서 우엉을 돌봐야 합니다.

뿌리를 길게 뻗으므로 1년 차 생태농법식 이랑에서는 키울 수 없습니다. 묻어 놓은 유기물에 뿌리가 닿기 때문입니다. 다만 여름 채소를 키웠던 이랑이라면 우엉을 재배할 수 있으니 이랑 모양을 다듬고 씨를 뿌립시다. 이랑 한가운데에 뿌림골을 한 줄 긋고 약 2cm 간격으로 씨를 뿌립니다. 이때 시금치처럼 두 번 밟으면 싹이 고르게 틉니다. 농사를 지은 적 없는 새로운 밭에서 우엉을 키우려면, 먼저 경반층을 허물고 이랑을 세운 뒤 1m²당 1L의 발효 부엽토나 부숙 거름을 표층 10cm에 섞어 줍니다.

그리고 여러 번 솎아 최종 포기 간격을 약 15cm로 벌립니다. 수확기가 되면 삽으로 뿌리를 캡니다.

우엉 씨
검고 딱딱한 씨앗입니다. 싹 틔우기 어렵다는 사람이 많지만 두 번 밟아 주면 순조롭게 싹이 트고 뿌리도 땅속 깊이 쭉쭉 뻗어 나갑니다. 우엉은 국화과 채소입니다.

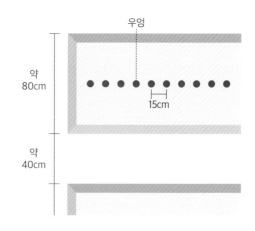

우엉

약 80cm

15cm

약 40cm

23 소송채, 순무, 경수채 [십자화과]

씨를 뿌리고 한 번 밟아서 씨가 땅 밖으로 절반쯤 나온 상태가 좋다

이랑의 크기　폭 약 80~90cm, 높이 약 10cm
이랑 폭이 80~90cm일 경우, 소송채와 순무는 줄 간격 20cm로 네 줄, 경수채는 줄 간격 30cm로 세 줄 심을 수 있습니다.

심는 법　줄뿌리기하고 솎아 낸다
약 2cm 간격으로 줄뿌리기한 다음 여러 번 솎아 내서 최종 포기 간격으로 벌립니다. 소송채와 순무의 최종 포기 간격은 10~15cm, 몸집이 커지는 경수채는 약 30cm입니다.

공영식물
십자화과 채소는 양상추나 쑥갓 등 국화과 채소와 섞어 심으면 좋습니다. 같은 이랑에 줄을 나눠서 함께 키우면 해충 피해를 줄일 수 있습니다.

추천하는 이어짓기 작물
호박, 수박, 멜론 등 박과 채소를 키웠던 이랑에 심으면 좋습니다.

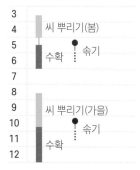

■ 재배 일정(중간지 기준)

3	
4	씨 뿌리기(봄)
5	
6	수확 ⋯ 솎기
7	
8	
9	씨 뿌리기(가을)
10	⋯ 솎기
11	수확
12	

서늘한 기온을 좋아하는 소송채, 순무, 경수채를 텃밭에서 키우려면 가을에 씨를 뿌리는 것이 좋습니다. 솎아 내며 키워서 수확합시다. 꽃대가 거의 웃자라지 않는 품종을 골라 봄에 씨를 뿌려도 됩니다.

소송채, 순무, 경수채는 '북주기 없이 밟기'

씨앗이 반쯤 땅 밖으로 나와 있어야 싹이 잘 튼다

소송채 씨는 원래 싹이 잘 틉니다. 줄뿌리기한 뒤 발로 잘 밟기만 하면 씨앗이 흙에서 수분을 얻어 고르게 싹을 틔웁니다.

흙 만들기

이전 작물을 거둬들이고 이랑 모양을 다듬은 뒤 밑거름 없이 씨앗을 뿌립니다. 소송채, 순무, 경수채는 '북주기 없이 한 번 밟기' 방식을 쓰면 고르게 싹을 틔우고 뿌리를 똑바로 뻗습니다. 그리고 적은 양분으로도 병충해 없이 잘 자라서 맛있는 알뿌리를 만듭니다.

새로운 밭에서는 1m²당 1L의 발효 부엽토나 부숙 거름을 표층 10cm에 섞습니다.

씨 뿌리기

아래 그림을 보면 씨앗이 흙에 완전히 묻히지 않은 것을 알 수 있습니다. 머리를 절반쯤 땅 밖에 내밀고 있습니다.

소송채, 순무, 경수채의 씨앗은 지면에 줄뿌리기한 다음 한 번만

소송채 씨앗
아주 작은 씨앗입니다. 순무, 경수채도 소송채와 같은 십자화과 채소라 씨앗의 모양이 비슷합니다. 밭에 뿌리면 금세 싹이 틉니다.

소송채, 순무, 경수채는 북주기 없이 밟기만 한다

❶ 씨를 약 2cm 간격으로 줄뿌리기합니다. ❷ 대강 줄을 맞춰 흩어뿌리는 '줄 흩어뿌리기'입니다. 자연계에서는 씨앗이 결코 일직선으로 뿌려지지 않습니다. 따라서 밭에서도 줄 흩어뿌리기를 해야 초기 생육이 양호합니다. ❸❹ 씨앗 위를 꾹꾹 밟아 줍니다. 그러면 씨 뿌리기가 끝납니다.

밟아 주어도 싹을 잘 틔웁니다. 이것들은 원래부터 싹이 잘 트는 채소입니다. 루꼴라도 마찬가지입니다.

소송채 등의 씨앗은 완전히 익으면 꼬투리가 뒤틀리면서 사방팔방으로 튑니다. 그러므로 자연계에서는 씨앗이 땅 위에 이리저리 흩어져 있다가 싹을 틔우기 마련입니다. 원래 이 채소들의 씨는 흙 속에 묻힌 상태에서 싹을 틔우지 않습니다.

흙 속에 묻히면 싹을 틔우기 위해 줄기(배축)를 길게 뻗으므로 오히려 병충해를 당할 위험성이 커집니다.

씨 뿌리는 순서는 174쪽 하단의 사진과 같습니다. 흙이 마르면 뿌림골을 왕복하면서 두 번이든 세 번이든 밟아 주세요. 밟으면 밟을수록 발아가 잘 되고 뿌리가 쭉쭉 자라 맛있는 채소가 됩니다.

씨는 흙이 바싹 말랐을 때 뿌리는 것이 좋습니다.

솎기

씨를 뿌린 뒤 일주일쯤 지나면 싹이 틉니다. 본잎이 나오고 잎이 무성해지면 솎아 내기 시작합니다.

❶ 소송채를 솎아 냅니다. 간격을 너무 띄우면 오히려 생육에 좋지 않습니다. 서로 살짝 닿을 정도의 거리가 좋습니다. 본잎이 네댓 장일 때 최종 포기 간격으로 벌립니다. ❷ 포기 사이에 잡초가 나면 뱁니다. 단, 풀을 뿌리까지 뽑으면 흙이 마르기 쉬우므로 적당히 자르게 두는 것이 제일 좋습니다. 그래야 토양의 생물 활성도가 높아집니다.

잎끼리 겹쳐 있으면 습기가 차서 곰팡이가 생기고 병에 걸리기 쉽습니다. 여러 번 솎아 내서 포기 간격을 벌려야 합니다.

포기끼리 살짝 닿을 정도의 간격이 이상적입니다. 솎아 낸 채소도 맛있게 먹으면 됩니다.

수확

소송채, 순무, 경수채 등 절임용 채소는 씨를 줄뿌리기한 다음 솎아 내며 키웁니다. 솎아 낸 채소 또한 맛있게 먹을 수 있습니다.

너무 크게 자라면 잎이 질겨지므로 제때 수확하도록 합니다. 가을에 심은 것은 추울 때 수확하면 맛이 더 좋습니다. 수확하지 않고 남겼다가 이듬해 봄에 꽃눈을 먹기도 합니다.

잎채소는 섞어 심어야 잘 자란다

하나의 채소만 심은 이랑보다 여러 채소를 섞어 심은 이랑에서 채소가 잘 자라고 해충 피해도 적게 발생합니다. 한 이랑에 여러 잎채소를 줄을 나눠서 키워 봅시다. 두 종류의 씨앗(소송채와 잎상추 등)을 9:1로 섞어 줄뿌리기해도 됩니다.

여러 종류의 십자화과와 국화과 채소를
줄을 나눠서 키우는 밭입니다.

24 파 [백합과]

모종을 뿌림골에 세워서 심고 여러 번 북주기해 흰 뿌리를 키운다

모종 재배

봄과 가을에 씨를 뿌립니다. 파종할 이랑에 씨를 줄 간격 10cm, 포기 간격 1~2cm로 줄뿌리기합니다.

뿌리를 튼튼하게 키우기 위해 '두 번 밟기'를 추천합니다. 씨 뿌릴 자리를 한 번 밟아 다진 다음 씨를 뿌리고 나서 다시 한 번 밟는 것입니다. 이렇게 하면 물을 주지 않아도 싹이 골고루 트고 건강한 모종으로 자랍니다.

싹 튼 후에는 풀이 너무 많아지지 않도록 부지런히 김을 매고, 모종이 너무 빽빽하면 솎아서 포기 간격을 4~5cm로 벌립니다. 길이 30cm, 굵기 1cm 정도가 되면 아주 심기합니다. 물론 모종을 구입하여 밭에 바로 심어도 됩니다.

■ 재배 일정(중간지 기준)

월		
1		
2		
3		씨뿌리기 / 아주 심기
4		
5		
6		
7	아주 심기	
8		수확
9		씨뿌리기
10		
11	수확	
12		

봄이라면 벚꽃 필 무렵에 씨를 뿌립니다. 키가 30cm쯤 될 때까지 모종으로 키우다가 장마가 끝난 후 아주 심기합니다. 가을이라면 9월 이후 선선해질 때 씨를 뿌리고 이듬해 벚꽃 필 무렵에 아주 심기합니다.

이랑의 크기　**평이랑에 뿌림골을 판다**
평이랑에 골을 파서 아주 심기를 준비합니다. 배수가 잘 안 되는 밭이라면 높은 이랑을 세우고 골을 팝니다. 뿌림골 깊이는 대파의 경우 약 20cm, 쪽파의 경우 약 5cm입니다.

심는 법　**모종을 골의 벽에 붙여 세운다**
대파 모종을 5cm 간격으로 하나씩 세웁니다. 쪽파는 20cm 간격으로 서너 개의 모종을 모아서 세웁니다.

공영식물
파 뿌리에는 토양의 질병을 예방하는 작용이 있습니다. 따라서 가짓과나 박과 채소와 섞어 심으면 좋습니다.

추천하는 이어짓기 작물
파를 키웠던 이랑에서는 병이 잘 생기지 않으므로 무엇이든 잘 자랍니다. 파는 이어짓기에 매우 효과적인 채소입니다. 같은 이랑에서 파를 계속 재배하면 품질이 점점 더 좋아집니다.

씨 뿌린 자리 두 번 밟기

씨 뿌리기 한 달 전에 이랑을 적당한 높이로
세우고 발효 부엽토나 부숙 거름을 1m²당
3L 준비해 표층 10cm에 섞어줍니다. ❶
10cm 간격으로 씨 뿌릴 골을 파고 씨를
1~2cm 간격으로 떨어뜨립니다. ❷ 흙을 덮
은 후 발로 밟습니다.

부지런히 김을 매며 모종을 돌본다

씨를 뿌리고 밟아 주면 싹이 골고루 틉니다. 파 모종은 생육이 느리므로 방심하면 잡초
에 떠밀려 사라지기 쉽습니다. 그래서 부지런히 김을 매야 합니다.

아주 심기

이랑에 괭이로 골을 파고 골의 옆면에 모종을 세워서 묻습니다. 대파
는 깊이 약 20cm의 골에 5cm 간격으로 한 포기씩 심고 쪽파는 깊이
5cm 정도의 골에 20cm 간격으로 서너 포기씩 모아 심습니다.

　모종을 세우고 뿌리가 가려질 정도로 흙을 가볍게 뿌린 다음 풀과
보릿짚 등을 골 바닥에 듬뿍 깔아 줍니다.

　한 달 후 모종이 확실히 뿌리내려서 잎이 나면 뿌림골을 흙으로 메

① 아주 심기할 파 모종입니다. 줄기에 마른 잎이 붙어 있으면 제거합니다. ② 뿌리는 2cm만 남기고 뜯어 버립니다. 더 자라지 않는 늙은 뿌리를 뜯어내야 새로운 뿌리가 자라납니다. 또 아주 심기할 때는 큰 모종과 작은 모종을 미리 분류해 두었다가 크기별로 모아서 심습니다. 큰 모종과 작은 모종이 섞여 있으면 작은 모종이 잘 자라지 못하기 때문입니다.

웁니다. 잎이 갈라진 곳 바로 아래까지 묻히도록 합니다.

대파는 크는 상황을 보아 서서히 묻고, 북주기하면서 흙을 더 쌓아 올립니다. 이렇게 하면 흰 뿌리가 길어집니다.

쪽파는 처음부터 골을 메워 그대로 자라게 합니다.

햇볕을 잘 받도록 남북 이랑에서는 서쪽에 이랑 벽을, 동서 이랑에서는 북쪽에 이랑 벽을 만들고 모종을 붙여 세웁니다. 모종을 세운 뒤에는 밑동에 흙을 조금 뿌리고 마른풀, 보릿짚, 채소 잔해 등을 골 바닥에 듬뿍 깔아 줍니다. 그러면 흙이 마르지 않아 모종이 뿌리를 빨리 내리고 잘 쓰러지지 않습니다. 이때 이랑 벽을 꼭 90°로 만들지 않아도 됩니다. 60~70° 정도의 기울기로 만들어도 토양에 뿌리를 내리면 파가 수직으로 자랍니다.

수확

대파는 여러 번 북주기하여 흰 뿌리를 길게 키웁니다. 잎이 더 자라지 않으면 수확할 때가 된 것이니 잎 밑동을 모아 잡고 뽑습니다.

또 텃밭 농사일 경우 한꺼번에 수확하여 출하하지 않아도 되므로 어느 정도 자란 것부터 하나씩 뽑아도 괜찮습니다.

쪽파는 포기째 뽑아도 되지만 바깥쪽 잎을 조금씩 가위로 잘라 써도 됩니다. 밑동을 남겨 두면 잎이 재생되므로 오랫동안 파 잎을 가져 갈 수 있습니다.

큰 포기부터 차례대로 뽑는다

수확할 때가 된 대파입니다. 북주기한 만큼 흙 속에서 흰 뿌리가 자라 있습니다. 크고 굵은 것부터 차례대로 뽑아 수확합니다. 봄에 꽃대가 설 때까지 계속 수확할 수 있습니다.

🌿🌿🌿 잎의 방향을 맞춰 심는다

파의 잎은 두 방향으로 갈라져 자랍니다. 모종을 심을 때 잎이 갈라진 부분을 살펴보아 이랑 방향과 수직이 되도록 하며 잎이 좌우로 벌어지게 합니다. 그래야 크게 자라더라도 옆 포기와 부딪치지 않습니다. 파는 햇볕을 좋아하니 해가 잘 들고 바람이 잘 통하는 곳에 심습니다.

➡️ 방향을 맞춰 심으면 일조량이 풍부해지고, 통풍이 좋아집니다.

25 누에콩 [콩과]

콩의 눈 방향을 맞추어 눕힌 뒤 '두 번 밟기'로 뿌리를 깊이 뻗게 한다

콩이 위로 뜨지 않고 뿌리를 잘 뻗게 하려면

누에콩(잠두)을 심는 방법도 다양합니다. 눈을 아래로 두고 얕게 묻는 사람도 있지만 저는 콩을 납작하게 가로로 눕히고 흙을 덮은 다음 발로 밟는 방법을 추천합니다. 구체적인 방법은 아래 사진을 참고하세요. 심기 전과 후에 발로 밟아 잘 눌러 줍니다. 흙은 2cm 두께로 덮습니다.

누에콩은 먼저 두꺼운 뿌리 하나를 뻗습니다. 제대로 밟아서 콩이 잘 고정되면 뿌리가 흙 속으로 쭉쭉 뻗어 나갈 것입니다.

제대로 밟지 않으면 콩이 뿌리를 뻗으려 할 때 위로 뜨게 되므로 뿌리가 순조롭게 자라지 못합니다.

씨를 가로로 눕혀서 눌러 두면 누에콩이 쉽게 속껍질을 벗고 떡잎을 펼칠 수 있습니다. 세로로 심은 콩은 흙과의 마찰이 적어서 속껍질을 잘 벗지 못합니다.

이랑 가장자리에는 소송채나 유채 씨를 뿌립니다. 십자화과 채소가 뿌리를 뻗으면 누에콩이 인산을 흡수하기 쉬워집니다.

■ 재배 일정(중간지 기준)

늦가을에 씨를 뿌려 작은 상태로 겨울을 넘기게 합니다. 수확기는 초여름입니다.

씨앗을 가로로 눕혀 심고 밟아 준다

❶ 이랑에 발자국을 냅니다. ❷ 발자국에 씨앗을 놓습니다. ❸ 떡잎이 다 같은 방향으로 벌어지도록 눈 방향을 통일하여 씨를 놓습니다.
❹ 걸으면서 발로 흙을 덮고 밟아서 누릅니다.

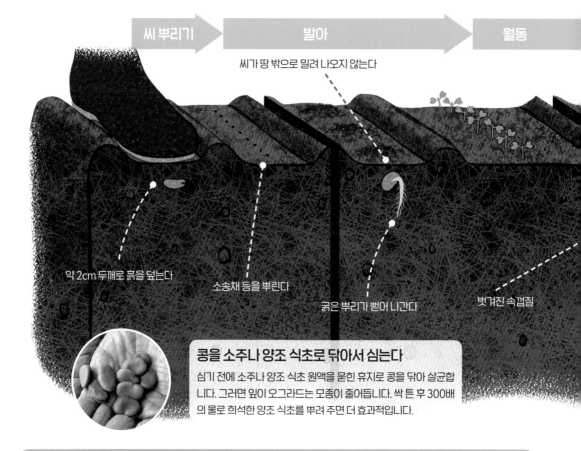

씨가 땅 밖으로 밀려 나오지 않는다

약 2cm 두께로 흙을 덮는다

소송채 등을 뿌린다

굵은 뿌리가 뻗어 나간다

벗겨진 속껍질

콩을 소주나 양조 식초로 닦아서 심는다

심기 전에 소주나 양조 식초 원액을 묻힌 휴지로 콩을 닦아 살균합니다. 그러면 잎이 오그라드는 모종이 줄어듭니다. 싹 튼 후 300배의 물로 희석한 양조 식초를 뿌려 주면 더 효과적입니다.

누에콩 재배의 기본 흐름

흙 만들기

가지를 키웠던 이랑을 이용한다

가지와 피망을 키웠던 이랑에서 비료 없이 키웁니다. 이전 작물의 뿌리를 흙 속에 남겨 두면 토양 미생물 활성도가 높아져 채소가 잘 자랍니다. 메마른 밭이라면 1m²당 1L 정도의 발효 부엽토나 부숙 거름을 섞어 줍니다.

콩 심기

일찍 심으면 불리해진다

콩 모종은 본잎 네댓 장, 키 10~15cm일 때 추위에 가장 강합니다. 혹한기를 이 크기로 넘기도록 심는 시기를 조정해야 합니다. 추운 지역일수록 일찍 심으면 안 됩니다. 모종이 이미 커졌다면 서리를 맞아서 죽지 않도록 부직포를 덮어 보온합니다.

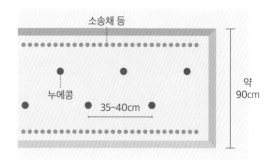

소송채 등

누에콩

35~40cm

약 90cm

약 90cm 폭의 이랑에 두 줄로 나누어 서로 어긋나게 심습니다. 이랑 가장자리는 흙이 마르기 쉬우므로 약간 안쪽에 심습니다. 누에콩과 잘 맞는 소송채를 섞어 심습니다.

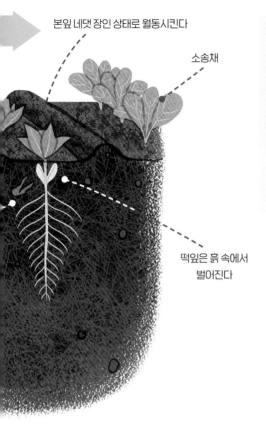

본잎 네댓 장인 상태로 월동시킨다

소송채

떡잎은 흙 속에서 벌어진다

포인트 **봄이 되면 생장점에 진딧물이 꼬인다**

누에콩의 생장점과 곁순에 진딧물이 모여드는 것은 그곳에 양분이 많기 때문입니다. 생태농법으로 키우는 누에콩도 예외가 아니지만, 영양 생장이 끝나고 생식 성장이 시작되면서 꽃이 피고 꼬투리가 생기면 진딧물은 자연스럽게 자취를 감춥니다. 이것이 자연의 이치입니다.

누에콩을 키우는 밭에 질소 비료를 주면 아무리 애를 써도 진딧물이 사라지지 않습니다. 이 때문에 생장점을 잘라 버리는 사람도 있지만 여전히 곁순에 진딧물이 꼬일 것입니다.

날이 따뜻해지면 모종이 무럭무럭 자라기 시작합니다. 줄기가 쓰러지지 않도록 지지대를 세워 줍시다.

관리

방한 대책과 고랑 갈기

모종이 크게 자란 상태에서 혹한기가 시작되었다면 부직포나 비닐 터널로 모종을 보호해야 합니다. 그리고 2월에 입춘이 지나면 고랑에 삽을 10cm 간격으로 찔러 공기를 넣어 주고 100~300배의 물로 희석한 양조 식초를 뿌립니다. 그러면 토양 미생물이 활성화되어 웃거름을 준 것과 같은 효과가 날 것입니다. 깻묵 등의 웃거름은 진딧물을 꼬이게 하므로 주지 않습니다.

수확

꼬투리가 처지면 수확한다

하늘을 향해 있던 꼬투리가 아래로 처지면 수확할 때가 된 것입니다. 꼬투리가 검게 변할 때까지 남겨 두었다가 이듬해에 땅에 심어도 됩니다. 보통은 꼬투리째 보관했다가 늦가을쯤 꼬투리에서 꺼내 양조 식초나 소주로 닦아 살균 후 심습니다.

수확할 때가 되면 꼬투리가 부풀어서 아래로 처지기 시작하며, 등 쪽에 희미한 검은 줄이 나타납니다.

완두콩 [콩과]

심은 후 밟아 누르기, 혹한기의 방한 대책이 중요하다

조릿대를 비스듬히 세워 서리를 피하고
귀리 울타리로 찬바람을 막는다

완두는 누에콩보다 잎이 얇아 추위에 약하므로 겨울에는 보온에
더 신경 써야 합니다. 키가 2~3cm인 작은 모종은 의외로 추위에
강하여 혹한기에 서리를 맞아도 아무렇지 않습니다. 그러나 모종
이 커지면 갑자기 추위에 약해집니다. 따라서 완두콩은 일찍 심
으면 안 됩니다.

　예로부터 조릿대를 비스듬히 세워 완두콩 모종을 덮어 보호

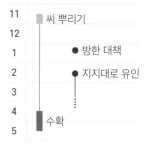

■ 재배 일정(중간지 기준)

11	■ 씨 뿌리기
12	
1	● 방한 대책
2	● 지지대로 유인
3	
4	수확
5	

늦가을에 씨를 뿌려서 작은 상
태로 월동시킵니다. 봄이 되면
지지대를 세워 줍니다. 초여름에
수확합니다.

조릿대를 세워서 서리를 가린다
조릿대가 바람에 쓰러지지 않도록 깊고 단
단하게 꽂습니다.

귀리를 뿌려 둡니다.

한곳에 두 알씩 뿌리고 싹을 틔워서
작은 모종 상태로 월동시킵니다.

짚이나 부직포 터널도 추천

❶ 짚 다발을 모종 위에 늘어뜨려 서리를 막는 것도 예로부터 전해 내려오는 지혜입니다. ❷ 비닐 멀칭으로 서리와 찬바람을 잘 막아 줍니다.

했습니다. 서리를 피하는 효과가 뛰어나니 시도해도 좋습니다. 조릿대가 없는 지역에서는 갈대나 억새풀을 이용해도 무방합니다.

또 완두를 심기 전 9~10월에 이랑의 양쪽 가장자리에 귀리를 뿌려 놓으면 귀리가 자라서 바람을 막아 줄 것입니다.

완두 재배의 기본 흐름

흙 만들기

퇴비와 비료는 필요 없다

가지나 피망을 키웠던 이랑이나 고구마를 수확한 땅에 심어도 좋습니다. 누에콩처럼 비옥한 곳을 골라 거름을 주지 않고 키웁니다. 새로운 밭이라 흙이 메말랐다면 발효 부엽토 등을 182쪽과 같이 섞어 줍니다.

심기

일찍 심지 않는다

작은 상태로 혹한기를 보내려면 심는 시기를 조절해야 합니다. 누에콩처럼 씨 뿌리기 전에 양조 식초나 소주로 살균합시다. 작은 상자에 콩을 넣고 분무기로 식초나 소주를 뿌린 다음 이리저리 굴려 주면 됩니다.

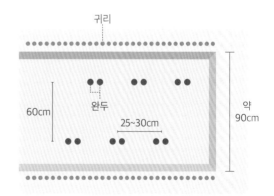

약 90cm 폭의 이랑에 포기 간격 25~30cm, 줄 간격 60cm, 두 줄로 나누어 서로 어긋나게 한곳에 두 알씩 심습니다. 그래야 뿌리를 잘 뻗습니다. 완두를 심기 전에 이랑 가장자리에 귀리나 호밀을 뿌려 둡니다.

흙을 약 2cm 두께로 덮고 발로 밟는다

❶ 콩 두 알을 약 2cm 떨어뜨려 이랑과 평행하게 놓습니다. ❷ 손가락 첫 번째 마디만큼 콩을 찔러 넣습니다. ❸ 뿌림골을 따라 걸으면서 흙을 덮고 밟습니다. ❹ 푹신한 땅에서는 잘 자라지 않으니 꾹꾹 밟아야 합니다.

(왼쪽) 지지대를 수직으로 세운 모습입니다. 비스듬한 봉으로 보강하여 흔들리지 않도록 했습니다. A형으로 만들어도 좋습니다.
(오른쪽) 5월에 수확량이 가장 많습니다. 때를 놓치지 않도록 주의하며 매일 수확합니다. 지지대 끝까지 올라오면 덩굴 끝을 잘라 더 자라지 않도록 합니다.

지지대를 세운다

150cm 높이의 지지대에 망을 친다

작은 상태로 월동을 끝낸 완두는 봄이 되자마자 무럭무럭 자라기 시작합니다. 그래서 2월 안에 지지대를 세우고 망을 쳐서 덩굴을 유인할 준비를 해야 합니다. 또, 누에콩처럼 고랑을 갈고(183쪽 참고) 100~300배로 희석한 목초액을 뿌려 줍니다.

수확

깍지 완두

꽃이 핀 지 15일쯤 후에, 아직 속에 든 콩이 굵어지지 않은 꼬투리를 통째로 먹는 품종입니다. 콩이 굵어진 뒤에 늦게 수확하더라도 콩을 꺼내 맛있게 먹으면 됩니다.

스냅 완두

꽃이 핀 지 20~25일 후에 콩이 어느 정도 굵어진 뒤에 수확하는 품종입니다. 꼬투리와 열매 둘 다 먹습니다.

열매 완두

꽃이 핀 지 한 달쯤 후에 콩을 꺼내서 먹는 품종입니다. 꼬투리가 누렇게 변하기 시작하면 수확합니다. 장마철에는 콩에서 새싹이 트기 때문에 그 전에 수확해야 합니다.

포인트 살갈퀴로 진딧물을 예방한다

밭에 살갈퀴가 있으면 뽑지 말고 남겨 두어 완두와 누에콩의 진딧물을 예방합니다.
봄이 되면 개미와 진딧물이 살갈퀴에서 공생하기 시작합니다. 그런데 살갈퀴를 뽑아 버리면 갈 곳을 잃은 개미와 진딧물이 완두나 누에콩으로 옮겨 갑니다.

살갈퀴는 봄에서 초여름까지 꽃을 피우는 콩과 식물입니다.

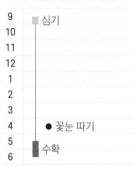

27 마늘 [백합과]

발효 부엽토, 부숙 거름으로 토질을 개선하고
웃거름을 주어 생장을 촉진한다

■ 재배 일정(중간지 기준)

```
9  ■ 심기
10
11
12
1
2
3
4   ● 꽃눈 따기
5  ■ 수확
6
```

9월에 마늘을 쪼개어 하나씩 심습니다. 싹이 트면 겨울이 오고, 겨울을 지나 날이 따뜻해지면 잎이 잘 자랍니다. 수확 시기는 초여름입니다.

부엽토에 쌀겨 등을 섞어서 일주일간 발효시킨다

마늘, 양파, 염교 등 파 종류는 양분을 잘 흡수하지 못합니다. 그래서 새로운 밭이나 메마른 밭, 생태농법을 시작한 지 얼마 되지 않은 밭에서 이런 채소를 키우기 위해서는 미리 밑거름을 잘 주고 키우는 도중에도 웃거름을 주는 것이 좋습니다.

밑거름을 주려면 발효 부엽토나 부숙 거름을 이랑의 표층 10cm에 섞어 주면 됩니다. 분량은 188쪽을 참고하세요.

＼ 씨마늘을 심는다 ／／

큰 마늘쪽을 심는다

종자용 마늘을 구입했다면 심기 전에 쪼개서 주름이나 변색이 없고 크기가 큰 마늘쪽을 골라 심습니다. 마늘은 난지형과 한지형 품종이 있으므로, 지역 내에서 생산된 품종을 구입하면 키우기 쉬울 것입니다. 슈퍼에서 파는 식용 마늘은 병을 일으킬 위험성이 있으니 밭에 심지 않습니다.

웃거름을 주려면 1m²당 1L 정도의 발효 부엽토나 부숙 거름을 2월에 새로운 잎이 나올 무렵 이랑 표면에 뿌리면 됩니다. 그러면 생물활성도를 높일 수 있습니다.

마늘 재배의 기본 흐름

❶ 발효 부엽토를 이랑 표면에 뿌립니다. 분량은 점토질 밭이라면 1m²당 1L, 보통 밭이라면 2L, 모래질 밭이라면 3L입니다. ❷ 표층 10cm에 섞은 다음 한두 주 후에 마늘을 심습니다.

흙 만들기

발효 부엽토로 흙 만들기

오이를 키웠던 이랑에 심으면 좋습니다. 마늘은 뿌리를 표층에 넓게 뻗으므로 흙의 표층에 양분을 줍니다. 단, 숙성되지 않은 퇴비를 쓰면 이듬해 봄에 마늘이 썩을 수 있으니 조심해야 합니다.

심기

초가을에 마늘쪽을 얕게 심는다

냉해를 방지하기 위해 5cm 깊이로 심는 것이 일반적이지만 저는 얕게 심는 방법을 추천합니다. 그러면 크기는 작아

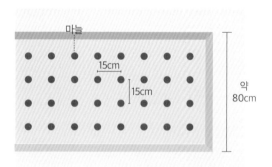

포기 간격 및 줄 간격 15cm로, 한곳에 마늘쪽을 하나씩 심습니다. 추운 지역에서는 구멍 뚫린 검정 비닐 멀치를 이용해도 좋습니다. 점토질 밭이라면 이랑을 높여 배수를 원활하게 합니다.

도 마늘다운 맛을 내는 마늘을 얻을 수 있습니다. 얕게 심으면 비늘줄기*가 지상으로 올라오는데, 그래도 흙을 추가로 덮지 않습니다. 혹한기에는 서리를 피하기 위해 주위 풀을 베지 않고 부엽토로 덮어 줍니다.

꽃눈 따기

즉시 따서 먹는다

수확 전에 마늘 줄기(마늘종)가 나옵니다. 이는 즉시 뽑아서 먹으면 됩니다. 꽃눈을 그대로 두면 마늘이 굵어지지 않습니다.

수확

잎이 마르기 시작하면 수확한다

잎이 마르고 줄기가 갈색으로 변하면 수확합니다. 날씨가 맑을 때 수확하면 더 오래 보존할 수 있습니다.

파 종류는
기본적으로 얕게 심는다

❶ 심을 곳을 발로 밟은 뒤 마늘쪽을 흙에 묻습니다. 뾰족한 곳이 위로 가도록 하여 땅에 찔러 넣습니다. ❷ 손으로 흙을 가져와 마늘쪽 끝이 가려질 정도로 얕게 덮습니다. 그리고 양조 식초를 물로 300배 희석하여 뿌립니다.

꽃눈 따기

◆ 많은 양분을 저장하며 비대해진 잎이 짧은 줄기 둘레에 빽빽하게 자라 만들어진 땅속줄기.

포인트 수확 후에는 매달아 보관한다

수확한 마늘은 줄기와 뿌리를 자르고 몇 개씩 묶어서 바람이 잘 통하는 곳에 매달아 보관합니다.

28

양파 [백합과]

9월에 씨를 뿌려 모종을 키우고 늦가을에 모종을 심어 월동한다

늙은 뿌리를 과감히 잘라 내고 새로운 뿌리를 키운다

양파 모종은 11월에 아주 심기합니다. 그러므로 모종을 직접 키우려면 9월에 씨를 뿌려야 합니다.

모종에 붙은 뿌리는 어떻게 할까요? 긴 뿌리를 구멍에 쑤셔 넣는 사람도 있을 것입니다. 그러나 모종 뿌리는 1cm만 남기고 잘라 버리는 것이 좋습니다.

양파 뿌리는 밑동에서만 납니다. 또 늙은 뿌리에서는 새로운 뿌리가 나지 않으므로 과감히 잘라도 됩니다. 그러면 밑동에서 새로운 뿌리가 나와 모종이 순조롭게 자리를 잡고 3~4일 후에 잎이 날 것입니다.

■ **재배 일정(중간지 기준)**

9	심기
10	
11	아주 심기
12	
1	
2	
3	
4	
5	수확
6	

모종을 직접 만들려면 9월에 씨를 뿌려 키운 뒤 늦가을에 아주 심기합니다. 땅이 차갑게 식어 있으므로 미리 발효 부엽토나 부숙 거름을 주어 생물 활성도를 높입니다. 겨울을 넘기고 봄이 되면 단숨에 잎이 자라고 알뿌리가 커질 것입니다. 초여름이 되면 수확합니다.

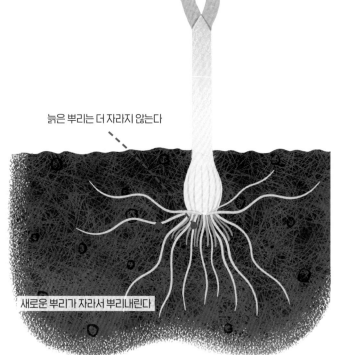

늙은 뿌리는 더 자라지 않는다

새로운 뿌리가 자라서 뿌리내린다

심기 전에 뿌리를 자른다

늙은 뿌리는 남겨 두어도 더 자라지 않습니다. 아주 심기 전에 뿌리를 1cm만 남기고 잘라 버립니다. 뿌리를 자르면 심기 편해집니다.

흙 만들기

생태농법을 갓 시작한 밭이라면 아주 심기 한두 주 전에 발효 부엽토나 부숙 거름을 이랑 표층 10cm에 섞어 줍니다. 분량은 188쪽을 참고하세요. 배수가 잘 안 되는 밭이라면 높은 이랑을 준비합니다.

심기

구입한 모종을 심습니다. 밑동의 두께가 5~7mm 정도 되는 것이 좋은 모종입니다. 두께가 1cm를 넘는 큰 모종을 심으면 봄에 꽃만 피고 양파가 생기지 않습니다. 포기 간격, 줄 간격은 마늘과 똑같이 15cm입니다.

서릿발 대책

서릿발이 서면 모종이 위로 솟아오릅니다. 그대로 두면 말라 죽으니 다시 묻어야 합니다. 검정 비닐로 덮어 놓으면 일단 안심이지만 비닐이 없다면 1월에 완숙 부엽토를 덮어 주어 서릿발에 대비합니다.

수확

2월에 새로운 잎이 나올 때 상태를 보아 웃거름을 줍니다. 모종이 건강하면 생략해도 됩니다. 수확기인 6월이 되면 잎이 쓰러지기 시작합니다. 그래도 조금 더 기다렸다가 12주가 지나 크기가 더 커졌을 때 수확을 시작합시다.

모종을 한곳에 하나씩 심고 손으로 꾹꾹 누릅니다. 밑동의 부푼 부분이 살짝 가려질 정도로 얕게 심습니다. 추운 지방에서는 멀칭을 해야 합니다.

날씨가 한동안 맑을 때 수확합니다. 끈으로 묶어 비를 맞지 않고 통풍이 잘되는 곳에 매달아 보관합니다.

요인들 심기 전에 흙 밟기, 심은 후에 식초 물 뿌리기

마늘, 양파, 염교를 심을 때는 심을 곳을 발로 밟은 다음에 종구*나 모종을 심습니다. 그렇게 해야 흙이 잘 마르지 않아 채소가 뿌리를 잘 내립니다. 검정 비닐 멀칭을 할 경우 흙을 밟을 수 없으니 심으면서 손으로 꾹꾹 눌러 줍니다. 심은 뒤에는 물로 300배 희석한 양조 식초를 분무기로 뿌립니다.

◆ 구근 식물의 번식을 위해 심는 구근.

29

염교, 샬롯 [백합과]

마늘과 같은 방법으로 토질을 개선한 후 두 쪽씩 심는다

두 쪽씩 얕게 심고 북주기하며 키운다

구입한 종구를 쪼개서 한곳에 두 쪽씩 심습니다. 방법은 마늘 심을 때와 비슷합니다. 아주 심기의 적기는 8월 중순에서 10월 중순 사이입니다. 추워지기 전에 심는 것이 좋습니다.

포기 간격을 25cm씩 두고 한곳에 두 쪽씩 심는 것이 포인트입니다. 염교는 이렇게 해야 뿌리를 잘 뻗고 자라서 적당히 통통한 알뿌리를 만들어 냅니다.

뿌리가 자라면 염교가 지면으로 솟아오릅니다. 이것은 파 종류의 공통된 특징입니다. 밑동에 볕이 들지 않도록 흙을 덮어 주어야 밑부분이 흰 염교를 수확할 수 있습니다.

■ 재배 일정(중간지 기준)

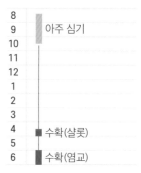

월	
8	아주 심기
9	
10	
11	
12	
1	
2	
3	
4	■ 수확(샬롯)
5	
6	■ 수확(염교)

8월 중순에서 10월 중순 사이에 종구를 쪼개서 심습니다. 생태농법을 갓 시작한 밭에는 발효 부엽토나 부숙 거름을 미리 섞어 줍니다. 샬롯은 이듬해 봄에 수확하고 염교는 그 후 초여름에 수확합니다.

손가락 첫째 마디가 들어갈 정도로 얕게 심기

종구가 살짝 가려질 정도로 얕게 심습니다. 손가락 첫째 마디 깊이의 구멍을 파고 염교를 두 쪽 넣은 다음 흙을 덮고 손으로 눌러 줍니다. 그 뒤 양파를 심을 때처럼 식초 물을 뿌립니다.

흙 만들기

마늘과 마찬가지로, 심기 한두 주 전에 표층 10cm에 발효
부엽토를 섞습니다. 1~2월에 새로운 잎이 나올 때쯤 모종
상태를 보고 웃거름을 줍니다. 건강하다면 생략합니다.

심기

마늘처럼 종구를 쪼개 심습니다. 뿌리가 밑으로 가도록 하
여 얕게 심습니다. 줄기가 두 갈래로 나뉘면서 크게 자라므
로 포기 간격을 25cm, 줄 간격을 40cm로 두고 두 줄로 나
누어 서로 어긋나게 심습니다. 한곳에 두 쪽씩 심습니다.

북주기

마늘이나 양파와 달리 염교는 북주기가 필요합니다. 염교
는 양파처럼 비늘줄기가 땅 밖에 생기는데, 이 줄기가 녹색
으로 변하는 것을 막기 위해 흙을 수북하게 덮어 주어야 합
니다.

수확

6월과 7월에 잎이 아직 푸를 때 수확합니다. 하나의 종구
에서 큰 염교 8~12개를 얻을 수 있습니다. 수확하지 않고
1년 더 키우면 작은 염교를 30개 이상 얻을 수 있습니다.

표인를 5cm 두께로 흙을 덮으면 샬롯이 된다

얕게 심으면 길쭉한 염교가 되고 깊이 심으면 둥근 양파 모양의 샬롯이 됩니다. 샬
롯은 크게 키우지 않아도 되니 포기 간격 15cm 정도로 한곳에 두 쪽씩 심어 키우
다가 4월 중순에 수확합니다.

30 딸기 [장미과]

보릿짚을 덮어 생물 활성도를 높이고 이랑 양옆에 꽃을 심어
수확량을 늘린다

꽃이 벌과 등에를 불러들여 딸기 수확량을 늘린다

딸기는 피튜니아나 금어초 등 향기 나는 꽃과 함께 심습니다.

딸기 모종을 심을 때 이랑 양옆에 꽃모종을 심으면 개화 시기가 딸기의 개화 및 결실 시기인 3~6월과 정확히 일치합니다.

꽃이 있으면 벌과 등에 등 곤충이 많이 모여들어서 딸기의 꽃가루를 옮겨 주므로 보기 좋은 열매를 많이 수확할 수 있습니다. 피튜니아나 금어초가 월동하기 어려운 추운 지역이라면 꽃을 봄에 심어도 됩니다.

■ 재배 일정(중간지 기준)

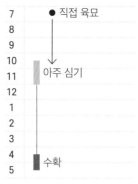

7	● 직접 육묘
8	
9	
10	
11	아주 심기
12	
1	
2	
3	
4	수확
5	

모종을 늦가을에 아주 심기합니다. 생태농법을 갓 시작한 밭이라면 발효 부엽토나 부숙 거름을 이랑 겉흙에 섞어 주어 생물 활성도를 높입니다. 그 뒤 겨울을 잘 나고 4월과 5월에 수확합니다. 수확 후 이듬해에 쓸 모종을 키웁니다.

기는줄기를 이랑 안쪽에
두고 모종을 바깥쪽으로
약간 기울여 심는다.

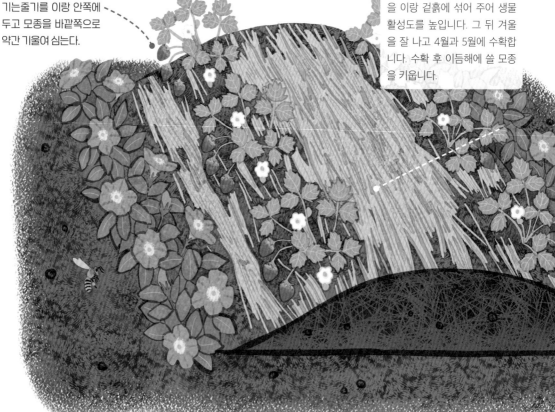

꽃눈이 한 방향으로 나도록 한다

딸기의 꽃눈은 한쪽으로만 납니다. 따라서 두 줄로 키울 경우, 이랑 바깥쪽으로 열매가 나란히 맺히도록 하면 수확하기가 쉬울 것입니다. 그렇게 만드는 방법을 아래에 설명했으니 기억해 둡시다.

아래 사진은 딸기 모종입니다. 시판 모종의 경우 일반적으로 기는 줄기*의 반대쪽에서 꽃눈이 나온다고 이야기합니다.

그것도 맞는 말 같지만, 사실 꽃눈이 나오는 방향은 모종의 기울어 짐과 관련되어 있습니다. 기울어진 쪽에서 꽃눈이 나오는 것입니다. 그뿐만 아니라 딸기 스스로 주위 환경을 파악하여 더 밝은 쪽, 공간이 더 넓은 쪽, 다른 꽃이 피어 있는 쪽으로 꽃눈을 밀어냅니다.

따라서 기는줄기가 없는 모종을 구입하더라도, 이랑을 194쪽 아래 그림과 같이 만들면 꽃눈의 방향을 통일할 수 있습니다.

2월에 보릿짚을 깐다

보릿짚이나 마른풀을 깔면 토양의 생물 활성도가 높아져 딸기 수확량이 늘어납니다. 또 흙이 위로 튀지 않아서 열매를 깨끗하게 유지할 수 있고 곰팡이도 방지할 수 있습니다.

모종 줄기는 알파벳 'J'와 비슷하게 생겼습니다. 꽃눈은 'J'의 오른쪽에서 나옵니다. 기는줄기의 반대쪽에서 나온다고 생각해도 무방합니다.

고랑에 피튜니아와 금어초를 심는다

노지의 텃밭에서도 많은 딸기를 수확할 수 있습니다.

◆ 고구마, 수박, 딸기의 땅 위로 기어서 뻗는 줄기. 런너(runner)라고도 부른다. 위쪽 사진에서는 오른쪽 맨 밑의 작은 잎이다.

흙 만들기

발효 부엽토를 이용한다

땅이 차갑게 식어 있는 계절에 아주 심기하므로 1~2주 전에 발효 부엽토를 주어 생물 활성도를 높입니다. 분량은 188쪽과 같습니다. 멀치를 덮어도 좋습니다.

심기

서로 어긋나게 배치하고 여유 있게 심는다

모종 화분을 물로 300배 희석한 양조 식초에 10~15분 담가서 화분 바닥을 통해 식초 물을 흡수시키면 뿌리가 빨리 자랍니다. 두 줄로 나누어 서로 어긋나게 심습니다.

늙은 잎 따기

봄이 되면 다시 자란다

작은 모종일 때 추위를 잘 견뎠다가 따뜻해지면 잎이 급속히 자라기 시작합니다. 잘린 잎이나 상처 난 잎은 부지런히 따 줍니다.

수확

빨갛게 익으면 딴다

수확은 4월부터 시작됩니다. 발효 부엽토 1m^{2}당 1L를 포기 사이에 웃거름으로 뿌리면 수확 기간이 더 길어집니다. 늙은 잎을 따면서 수확합시다.

모종 채취

기는줄기를 키운다

수확 기간에는 기는줄기를 부지런히 제거하고, 수확이 끝나면 기는줄기를 키워 새끼 그루를 뿌리내리게 합니다. 새끼 그루에서 본잎이 세 장 나면 잘라서 모종 화분에 옮겨 심습니다.

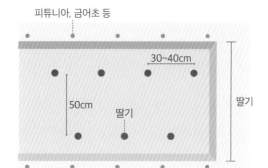

피튜니아, 금어초 등

30~40cm

50cm

딸기

딸기

아주 심기 전에 흙을 발로 밟고 포기 간격 30~40cm, 줄 간격 50cm로 서로 어긋나게 심습니다. 이랑 가장자리의 흙은 마르기 쉬우니 약간 안쪽에 심습니다. 이랑 옆에는 꽃을 심습니다.

늙은 잎은 밑동의 뿌리까지 제거합니다. 그러면 새순이 나오므로 수확량이 늘어납니다.

빨갛게 익은 것부터 땁니다. 손톱으로 꼬집으면 쉽게 잘립니다.

기는줄기 끝에 새끼 그루가 여럿 생겼습니다. 두세 번째 새끼 그루를 모종으로 이용합니다.

196

밭의 생물 활성도를 높이는 발효 부엽토 만들기

왕겨 훈탄 : 1

왕겨를 태운 숯입니다. 미세한 구멍이 많아 미생물이 살기 좋으므로, 흙에 섞어 주면 흙 속에 채소를 키우는 토양 미생물(균근균 등)이 늘어납니다. 전체의 10% 분량을 섞으면 됩니다.

초목탄 : 약간

풀과 나무를 태운 재로 칼륨이 풍부한 유기질 비료입니다. 소량이어도 충분한 효과를 발휘하여 칼륨을 공급하고 질소와 인산의 흡수를 돕습니다.

부엽토 : 7

활엽수의 낙엽이 썩은 것인데, 완전히 썩은 상태여야 합니다. 잎 형태가 남아 있는 미숙한 것은 쓸 수 없습니다. 낙엽 퇴비를 직접 만들 경우에도 1년 이상 숙성시켜야 합니다.

재료 분량
(부피 기준)

사진의 재료는 총 1L 정도

깻묵 : 1

유채나 들깨의 기름을 짜고 남은 찌꺼기로, 질소가 3% 정도 포함되어 있어 빨리 분해되는 유기질 비료입니다. 부엽토의 발효를 촉진합니다.

"발효 부엽토를 쓰면 땅이 차가울 때도 생물 활성도를 높여 채소의 생장을 촉진할 수 있습니다. 흙도 따뜻해집니다. 꼭 만들어 쓰세요." 라고 말하는 미우라 씨.

쌀겨 : 2

벼를 도정할 때 나오는 가장 고운 속겨로, 질소 2%, 인산 3.8%, 칼륨 1.5%가 균형 있게 들어 있는 유기질 비료입니다. 인산이 풍부하므로 미생물을 단숨에 늘립니다.

열흘 만에 만들 수 있는 편리한 미생물 먹이

발효 부엽토를 흙에 섞어 주면 토양 미생물을 늘려 단시간에 토질을 개선할 수 있습니다. 그러므로 1장에서 소개한 생태농법식 이랑을 만들 만한 시간이 없다면 발효 부엽토를 이용하여 이랑을 만들어 봅시다.

또 월동채소를 키우거나 초봄에 여름 채소의 모종을 키울 때 (208쪽 참고)처럼 땅이 차가워서 미생물이 별로 활동하지 않는 시기

발효 부엽토를 숙성시킨다

7~10일 후 완성

이랑 겉흙에 섞는다

일주일 이상 안정시킨다

씨를 뿌리고 모종을 심는다

에 채소를 재배할 때도 발효 부엽토를 이용해서 미생물을 활성시켜 봅시다. 만드는 법을 기억하여 밭에 항상 구비해 두면 좋을 것입니다.

발효 부엽토의 주재료는 부엽토입니다. 활엽수의 낙엽으로 만든 시판 부엽토를 구입할 때는 반드시 완숙된 것을 골라야 합니다. 낙엽의 형태가 아직 남아 있는 미숙한 부엽토는 쓸 수 없습니다. 손으로 비비면 부슬부슬 부서지는 것이 완숙 부엽토입니다. 모든 재료를 섞은 뒤 일주일에서 10일간 숙성시키면 발효 부엽토가 완성됩니다.

1 재료를 섞는다

모든 재료를 잘 섞습니다. 부엽토가 젖어 있으므로 물을 추가할 필요가 없습니다. 손으로 쥐었을 때 뭉쳐지는 정도가 적당합니다.

2 발효시킨다

재료를 비닐봉지에 넣어 해가 잘 드는 곳에 둡니다. 밤에는 비를 맞지 않는 곳으로 옮겼다가 다음 날 아침 다시 해를 쪼입니다.

3 일주일~10일 후에 완성된다

덩어리져 있으면 손으로 풀어서 호기 발효가 균일하게 진행되도록 하고 수분을 날립니다. 일주일에서 열흘간 이렇게 해 주면 숙성되어 밭에서 쓸 수 있게 됩니다.

4 건조시켜 비닐봉지에 보관한다

발효 부엽토를 보슬보슬하게 말려 비닐봉지에 다시 넣고 주둥이를 묶어 보관합니다. 비를 맞지 않는 곳에 두면 됩니다.

재료를 섞어 호기 발효*시키고 수분을 날리며
일주일~10일간 숙성시키면 완성

모든 재료를 잘 섞은 다음 비닐봉지에 담습니다. 주둥이는 꽉 묶지 않습니다. 주둥이를 가볍게 닫아 공기가 출입하도록 함으로써 호기 발효를 진행시켜야 합니다.

낮에는 해가 잘 드는 곳에 두고 저녁에는 비를 맞지 않는 곳에 둡니다.

곧바로 발효가 시작되고 일주일~10일이면 완성됩니다. 펼쳐서 바싹 건조시켜 비닐봉지에 다시 넣고 주둥이를 묶어 보관합니다.

전체의 10% 정도를 메밀껍질로 채우면 효과가 천천히 오래 가는 부엽토 퇴비가 됩니다. 메밀껍질은 베갯속으로 자주 쓰이므로 인터넷에서 쉽게 구입할 수 있습니다.

◆ 산소가 있는 상태에서 미생물에 의해 유기물이 발효되는 현상.

유용한 팁

부엽토를 구할 수 없다면 밭 흙으로 '흙 쌀겨 부숙 거름'을 만든다

발효 부엽토를 대체할 수 있는 부드러운 퇴비

발효 부엽토가 이상적이지만 좋은 부엽토를 구할 수 없을 경우에는 밭 흙을 이용하여 흙 쌀겨 부숙 거름을 만들어 봅시다. 거름 속의 흙이 양분(질소)을 흡착하여 양분이 공기 중으로 날아가는 것을 방지할 것입니다.

밭을 깊이 파서 경반층 아래에 비료 성분이 없는 흙을 퍼냅니다. 의외로 양분이 풍부한 겉흙은 재료로 적합하지 않습니다.

재료나 만드는 방법은 발효 부엽토와 똑같습니다.

'부엽토 : 7'을 '밭 흙 : 7'로 바꾸기만 하면 됩니다. 모든 재료를 잘 섞어 비닐봉지에 넣고 일주일간 발효시키면 완성입니다.

❶ 심층의 영양 성분 없는 흙을 사용합니다. 밭 흙 : 7, 쌀겨 : 2, 깻묵 : 1, 왕겨 훈탄 : 1, 초목탄 약간을 준비합니다. ❷ 만드는 법은 발효 부엽토와 똑같습니다.

씨를 직접 받아서 심어 보자
채소의 일생과 함께하는 즐거움

씨앗 채취와 이어짓기로 채소의 품질을 높인다

씨앗이 점점 밭의 환경에 적합한 채소로 변해 간다

생태농법에서는 같은 채소를 하나의 이랑에서 해마다 계속 키우는 '이어짓기'를 추천합니다. 147쪽에서 대표적인 이어짓기 패턴을 소개했는데, 예를 들면 올해 여름에 가지를 키우고 가을에 브로콜리를 키웠다면 이듬해에 똑같은 이랑에서 여름에 가지를 키우고 가을에 브로콜리를 키우는 것이 이어짓기입니다. 해마다 같은 과정을 반복합니다. 이어짓기를 계속하면 채소가 환경에 점차 적응해 시간이 갈수록 더 잘 자라게 됩니다. 토질도 점점 더 좋아져서 점점 더 맛있는 채소를 얻을 수 있습니다.

이렇게 되기를 바란다면 반드시 씨앗을 직접 채취해야 합니다. 튼튼하고 모양 좋은 개체, 병충해가 없었던 개체, 그리고 맛있는 개체에서 씨를 받아서 이듬해 같은 이랑에 뿌려야 합니다.

어느 날 갑자기 모든 채소의 씨앗을 받기는 힘들 테니 일단은 좋아하는 채소, 가능한 채소부터 시작하면 좋을 것입니다.

채소를 키우는 목적은 수확이라고들 하지만, 생태농법을 실천하는 사람이라면 거기에 만족하기보다 꽃을 피우고 씨를 받아서 다음번에 그 씨를 다시 밭에 뿌리는 과정을 텃밭에서도 당연한 듯 반복하여 실천했으면 좋겠습니다. 채소가 싹을 틔우며 태어나고 죽어서 씨를 남길 때까지의 일생을 함께하다 보면 채소를 단순한 작물이 아닌 하나의 생명으로 받아들이게 됩니다. 밭에 모여드는 다른 생물까지 포함하여, 자연 생태계의 이치를 깨닫고 채소 재배를 더 깊이 즐길 수 있기를 바랍니다.

◆ 유전적 조성이 다른 두 개체 사이의 교배.

❶ 파 씨는 꽃 봉우리 속에 생깁니다. 씨가 다 들어차면 꽃을 잘라서 말리고, 손으로 비벼서 씨를 꺼냅니다. ❷ 대두는 꼬투리가 바싹 마른 뒤 포기째 수확합니다. 그리고 꼬투리를 막대기로 두드려 콩을 꺼냅니다. ❸ 무는 월동이 끝난 후 꽃을 피우고 씨를 만듭니다. 다른 십자화과와의 교잡*에 주의해야 합니다.

고정종의 채소를 키워 씨앗을 채취한다

채소에는 '고정종'*과 'F1종(1대 교배종)'이 있습니다. 씨를 직접 받으려면 고정종 채소를 키워야 합니다. F1 채소에서 씨를 받아 뿌리면 2대째에 부모와 다른 형질의 채소가 나올 확률이 높기 때문입니다. 반면 고정종 채소의 씨를 뿌리면 부모와 같은 형질의 채소가 나옵니다. 다만, F1을 심더라도 2대 중에서 맛있고 마음에 드는 개체를 골라 씨를 받아 심는 과정을 몇 년쯤 반복하다 보면 고정종을 만들 수 있습니다. 수고와 시간이 들지만 상급자들은 이 방식을 씁니다.

씨를 받을 때는 교잡에 주의합니다. 다른 품종의 꽃가루와 수분이 이루어지면 부모와 다른 형질의 채소가 나오기 때문입니다.

채소에는 자신의 꽃가루를 받아 수정하는 '자가 수분' 타입과 다른 개체의 꽃가루를 받아 수정하는 '타가 수분' 타입, 그리고 그 중간에 해당하는 타입이 있습니다.

자가 수분 채소(콩과 및 가짓과 채소와 오크라 등)는 교잡의 우려가 거의 없어서 초보자라도 쉽게 씨를 받을 수 있습니다.

한편 타가 수분 채소(십자화과 및 박과 채소와 옥수수 등)는 다른 품종이 가까이 있고 꽃이 비슷한 시기에 피면 벌레나 바람이 꽃가루를 옮겨서 교잡이 일어날 수 있습니다. 교잡을 막는 방법과 각 채소의 씨앗 채취 요령을 소개하겠습니다.

알아 둘 씨앗 이야기
고정종과 F1종

종묘 회사에서 시판하는 씨앗은 대부분 F1종입니다. F1종은 맛, 수확량, 병충해에 대한 내성을 높이기 위해 인공적으로 교배한 씨앗으로, 생장과 수확이 안정적이라 키우기 쉬운 것이 특징입니다(유전자 편집 씨앗과는 다릅니다). 씨앗 포장에 '○○ 교배', '1대 교배'라고 적혀 있으면 F1종입니다.

한편, 씨앗 포장에 '고정종' 또는 '○○ 육성'이라고 적혀 있는 것은 고정종입니다. 씨 받기를 반복하여 형질을 안정시킨 채소로, '교토 특산', '시즈오카 특산' 등 전통 채소 또는 지역에서 옛날부터 전해져 온 재래 채소 등이 여기에 해당합니다. 이 씨앗을 심어서 키우면 개성 있으면서도 그리운 옛날 채소의 맛을 즐길 수 있습니다. 이 씨앗을 심어서 나온 채소에서 다시 씨앗을 받아 심으면 부모와 같은 형질의 채소가 나옵니다.

한편 F1종 채소에서 받은 씨앗을 심으면 부모와 다른 다양한 형질의 채소가 나옵니다.

그러나 시중에서 유통되는 대부분의 씨앗들은 수확량 증가, 병충해 방지 등의 이유로 F1을 '신품종'이라고 표시하는 경우가 있어 유의해야 합니다.

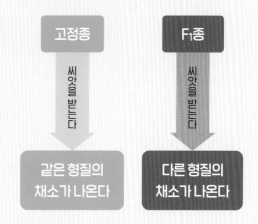

* 주요 특성이 유전적으로 고정되어 있어 양친과 유전적으로 동일한 자손을 생산하는 계통 및 품종. 방임 수분하여 채종이 가능하다.

채소별 씨 받기 요령

토마토

잘 익은 열매를 따서 실내의 접시에 놓아두고 일주일쯤 더 익힙니다. 그런 다음 안에서 과육과 씨앗을 끄집어내 2~3일간 비닐봉지에 넣어 둡니다. 그러면 내용물이 발효되어 씨앗을 분리하기 쉬워집니다. 바가지에 발효된 과육과 씨앗을 담고 물로 비벼 씻어서 씨만 분리합니다. 그 씨를 신문지에 깔아 햇볕에 말린 후 통풍이 잘되는 곳에서 2~3일간 바싹 말립니다.

토마토 씨는 초보자도 쉽게 받을 수 있습니다. 씨가 다 말랐다면 제습제와 함께 비닐봉지에 넣어 냉장고에 보관합니다.

가지

열매 일부를 수확하지 않고 줄기에 달린 채로 완숙시킵니다. 열매가 커지고 껍질이 노르스름해지면 서리가 내리기 전에 따서 열십자로 배를 가르고 나무젓가락으로 갈라진 배를 벌려 둔 채로 실내에서 일주일쯤 더 익힌 다음 씨가 마르면 꺼내 물로 씻어 과육과 씨를 분리합니다. 토마토와 마찬가지로 바싹 말려서 보관합니다.

피망

열매가 붉게 변할 때까지 완숙시켜서 수확하고, 실내에서 일주일쯤 더 익힙니다. 열매를 긁어 씨를 분리한 후 물로 씻고 잘 말려서 냉동 보관합니다.

오이

노각이 될 때까지 밭에 그대로 두었다가(오른쪽 위 사진) 따고, 실내에서 일주일쯤 더 익힙니다. 씨를 긁어내 물로 씻고 잘 말려서 보관합니다. 납작해진 씨는 버리고 볼록한 씨만 남겨 둡니다.
암꽃에 봉투를 씌워 두었다가 꽃이 활짝 피면 인공 수분합니다. 이 방법으로 교잡을 막을 수 있습니다.

호박

늦은 가을 늙은 호박을 갈라 씨를 채취하여 물로 잘 씻어 충분히 말린 뒤 보관합니다. 볼록하게 속이 꽉 찬 씨앗만 남깁니다.

갈색으로 변한 노각. 배를 갈라 통통한 씨앗을 보관합니다.

수박

맛있었던 수박의 씨를 받습니다. 물로 잘 씻어 충분히 말린 뒤 보관합니다.

주키니

크게 자란 것을 수확하여 실내에서 한 달 정도 더 익힙니다. 열매를 가르고 씨를 긁어내 물로 씻고 충분히 말린 뒤 보관합니다.

오크라

수확량이 많고 병이 없었던 오크라의 씨앗을 받습니다. 밭에 그대로 두었다가 꼬투리가 시들어 갈색이 되면 수확합니다. 꼬투리째 말려서 보관했다가 이듬해 심기 전에 씨를 꺼냅니다. 112쪽 참고.

고구마

수확한 고구마를 월동 보관하여 모종을 만듭니다. 고구마는 117쪽에서 소개한 방법으로 보관할 수도 있지만 밭에 묻어 보관해도 됩니다. 배수가 잘되는 곳에 50cm 깊이의 구덩이를 파고 덩굴을 분리하지 않은 고구마를 넣습니다. 왕겨를 덮고 흙을 산 모양으로 쌓아 올린 후 비를 맞아 습기가 차지 않도록 비닐을 씌워 줍니다. 이듬해에 상처 없는 고구마를 꺼내 파종할 자리에 묻어서 모종을 키웁니다. 모종 만드는 방법은 117쪽을 참고하세요.

토란

토란을 월동 보관하여 씨 토란으로 이용합니다. 흙에 묻어 두거나 (121쪽 참고) 흙을 넣은 발포 스티로폼 상자에 묻어 보관하면 됩니다. 이듬해에 상처 없는 토란을 꺼내 밭에 아주 심기합니다. 아들 토란뿐만 아니라 어미 토란도 씨 토란으로 이용할 수 있습니다.

땅콩

수확한 땅콩을 통풍이 잘되는 곳에 포기째 매달아서 2주 이상 잘 말립니다. 그런 다음 꼬투리를 따서 꼬투리째 보관하고, 이듬해 꼬투리 속의 땅콩을 꺼내 심습니다.

옥수수

열매가 바싹 마를 때까지 밭에서 익혀서 수확합니다. 껍질을 벗겨 바람이 잘 통하고 해가 들지 않는 곳에 거꾸로 매달아 한 달 정도 말린 뒤 보관합니다. 가까이에 다른 품종의 옥수수가 있으면 교잡이 일어나 다른 형질의 옥수수가 나오니 주의합시다. 두 종류 이상의 옥수수를 재배할 때는 씨 뿌리는 시기를 달리하여 꽃이 동시에 피지 않도록 합니다. 그래야 교잡을 막을 수 있습니다.

풋콩

열매를 많이 맺은 덩굴을 씨앗 채취용으로 남겨 둡니다. 그 덩굴의 꼬투리가 말라 갈색이 되면 콩을 꺼내 건강한 것만 추립니다. 페트병을 90% 정도 채운 뒤 뚜껑을 연채로 어두운 곳에 2~3주쯤 보관합니다. 페트병 안에 이산화탄소가 고여서 씨앗이 휴면하므로 수명이 길어집니다. 벌레도 꼬이지 않습니다.

꼬투리가 말라 갈색으로 변하면 덩굴째 잘라서 수확합니다. 수명이 짧아서 1년 안에 심어야 합니다.

강낭콩

완숙하여 꼬투리가 마르면 꼬투리에서 콩을 꺼내 보관합니다. 풋콩과 마찬가지로 페트병을 이용하여 보관합니다.

감자

수확한 감자를 보관하여 씨감자로 이용합니다. 장기간 보관해야 하니, 잎과 줄기가 완전히 마르고 감자가 완숙한 뒤에 수확합니다. 맑게 갠 날에 수확하여 밭에서 1~2일 동안 껍질의 수분을 날린 뒤 보관 장소로 옮깁니다. 씻지 않고 골판지 상자 등에 넣어 실내에서 보관합니다. 휴면 기간이 짧은 대지나 홍감자 품종은 봄에 심어 초여름에 수확한 감자를 씨감자로 삼아 가을 농사에 이용합니다.

당근

늦가을에 수확한 당근 중에서 모양이 마음에 드는 것을 10개 이상 골라 밭 한구석에 포기 간격

폭신한 솜처럼 보이는 꽃 속에 작은 씨앗이 많이 들어 있습니다. 잘라서 말립니다.

203

10cm로 비스듬하게 묻습니다. 이듬해 봄이면 꽃대가 서고 꽃이 피며, 여름이면 씨가 맺힐 것입니다. 꽃을 꽃대째 잘라 처마 밑에 거꾸로 매달아 충분히 말린 후 손으로 비벼서 씨를 꺼냅니다.

배추

봄배추는 봄에 꽃눈이 나오고 꽃이 핀 후 꼬투리가 생길 것입니다. 초여름에 이 꼬투리가 말라 갈색으로 변하면 줄기 밑동에서 잘라 처마 밑에 매달아 며칠 동안 말립니다.

바닥에 비닐을 깔고 꼬투리를 비벼 체로 찌꺼기를 걷어 내고 분리된 씨를 주우면 됩니다.

배추는 소송채, 순무, 경수채 등과 교잡하기 쉽습니다. 교잡을 막으려면 개화 전에 한랭사나 방충망으로 포기 전체를 둘러싸 곤충이 꽃에 접근하지 못하게 해야 합니다.

양배추

배추와 마찬가지로 봄에 꽃을 피워서 씨를 받습니다. 봄에 꽃눈이 잘 나오도록 칼로 양배추 꼭대기에 X자 모양으로 칼집을 넣어 둡니다.

양배추는 브로콜리, 콜리플라워, 케일 등과 교잡합니다. 교잡을 막으려면 역시 배추와 마찬가지로 한랭사나 방충망으로 감싸 곤충의 접근을 막아야 합니다.

양배추를 수확한 후 그루터기를 남겨 두면 곁순에서 꽃눈이 많이 나오니 거기서 핀 꽃에서 씨를 받으면 됩니다.

브로콜리

배추처럼 봄에 꽃을 피워 씨를 받습니다.

양배추, 콜리플라워, 케일과 교잡합니다.

양상추

결구 양상추의 경우 미리 칼집을 넣어 꽃대가 올라오도록 합니다. 가을에 파종하면 봄에, 봄에 파종하면 여름에 꽃이 핍니다. 꽃이 진 뒤 나오는 솜털을 손으로 비벼서 씨를 받아 냅니다.

양상추는 자가 수분하는 채소이므로 교잡을 특별히 신경 쓰지 않아도 됩니다.

무

늦가을에 수확한 무 중에서 모양이 마음에 드는 것을 10개 이상 골라 밭 한구석에 포기 간격 20cm로 비스듬히 묻습니다. 혹한기에는 뿌리가 얼지 않도록 풀이나 짚을 깔아 줍니다.

이듬해 봄이 되면 꽃대가 서고 꽃이 핀 뒤 꼬투리가 생겨 씨가 맺힐 것입니다. 꼬투리가 말라 갈색으로 변하면 줄기째 잘라 지붕 밑에

하나의 꼬투리 안에 다섯 알 정도의 무 씨앗이 들어 있습니다.

수확이 끝난 무 줄기는 비를 맞지 않는 장소에 걸어 말립니다.

거꾸로 매달아 충분히 말립니다.
바닥에 비닐을 깔고 꽃을 막대기
로 두드리면 씨가 떨어집니다. 체
로 찌꺼기를 걷어 내고 씨를 보관
합니다.
다른 품종의 무와 교잡하기 쉽습
니다.

시금치

수확하지 않고 밭에 두면 봄에 꽃
대가 서고 꽃이 핍니다. 시금치에
는 수그루와 암그루가 있는데 씨
는 암그루에만 생깁니다. 밭에 둔
시금치가 시들면 베어서 잘 말리
고, 막대기로 두드려 씨를 떨어뜨
립니다. 바싹 말려서 보관합니다.

소송채, 순무, 경수채

배추처럼 봄에 꽃을 피워서 씨를
받습니다. 얼갈이 배추 등과의 교
잡에 주의합니다.

파

월동한 파를 초봄에 밭 한구석으
로 몰아 심습니다. 머잖아 꽃대가
서고 꽃이 펴 검은 씨가 맺힐 것입
니다. 씨가 넘치기 전에 꽃을 따 실
내에서 말리며 좀 더 익힙니다.
꽃을 손으로 비벼 씨를 떨어뜨리
고 찌꺼기를 정리합니다.
씨의 수명이 짧으므로 매해 씨를
새로 받는 것이 좋습니다.

파 꽃이 갈색으로 변하고 씨가 꽉 들어차
면 잘라 냅니다.

누에콩

씨를 받을 포기를 남겨 두었다가
꼬투리가 말라 검어진 뒤에 수확
하고, 그대로 잘 말려서 꼬투리째
보관합니다. 심기 전에 꼬투리를
갈라 콩을 꺼냅니다.

완두콩

씨를 받을 포기를 남겨 두었다가
꼬투리가 말라 갈색이 된 뒤에 수
확합니다. 꼬투리에서 콩을 빼서
잘 말린 뒤 풋콩처럼 페트병을 이
용하여 보관합니다.

마늘

수확하면 잎을 잘라 내고 몇 개씩
묶어 시원한 곳에 매달아 보관합
니다. 가을에 마늘쪽을 심습니다.

양파

늦가을에 모종을 심으면서 그해
에 수확하여 보관해 두었던 양파
몇 개를 함께 심습니다. 양파 아랫

부분이 흙에 조금만 묻히도록 얕
게 심으면 뿌리를 잘 내립니다. 혹
한기에는 부직포를 덮어서 서리를
피하게 합니다.
초여름이 되면 꽃대가 서고 꽃이
핍니다. 꽃이 피고 씨가 맺히면 잘
라서 수확하고, 실내에서 말리며
좀 더 익힙니다. 마른 꽃을 손으로
비비면 씨가 떨어집니다.

염교

6월에 잎이 마르면 캐냅니다. 실
내의 시원한 곳에서 보관했다가
한 쪽씩 심습니다.

딸기

딸기 수확이 끝나면 기는줄기를
키우고, 끝부분의 새끼 그루를 잘
라 모종으로 이용합니다. 196쪽을
참고하세요.

제4장

텃밭에 쓸
모종 만들기

직접 씨를 뿌려 모종 만들기

미니 이랑에서 모종을 키우는 최고의 방법

모든 여름 채소 모종을 밭 한구석에서 키워 낸다!

미니 이랑을 만들고 씨앗을 직접 뿌려 모종을 기른다

가지, 피망, 토마토 등 여름 채소는 3월부터 모종을 키워 5월 초에 아주 심기하는 것이 일반적입니다.

텃밭에서 소량의 모종을 키울 경우 플라스틱 함이나 발포 스티로폼 상자로 간이 온실을 만들고 그 안에 모종 화분을 놓아 보온하며 키우는 것이 가장 편리합니다.

물을 주거나
햇볕을 관리할 필요가 없다!
웃자랄 염려도 없다!

4월 초순에 씨를 뿌린다

오이, 호박, 수박

오이, 호박, 수박은 약 30일간 육묘합니다. 아주 심기할 때 뿌리 손상을 피하기 위해 모종 화분을 먼저 묻은 후 그 안에 씨를 뿌립니다. 화분 안의 흙은 잘 마르지 않으니 역시나 물을 줄 필요가 없습니다. 오이는 지름 9cm짜리 화분, 호박과 수박은 12~15cm짜리 화분을 이용합니다.

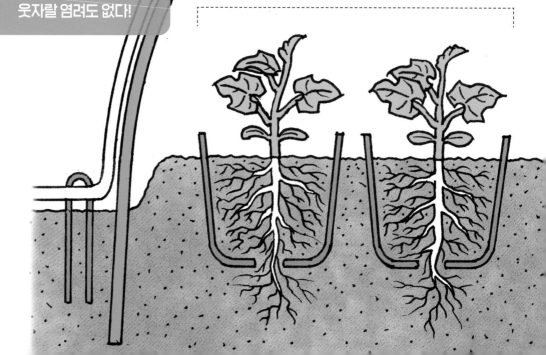

구멍 뚫린 비닐과 부직포로 이중 터널을 만든다

터널 지지대를 꽂고 구멍 뚫린 투명한 비닐을 덮은 다음 그 위에 부직포를 씌워 고정합니다. 이렇게 하면 야간에도 온기를 유지할 수 있고 곤충 피해도 막을 수 있습니다.

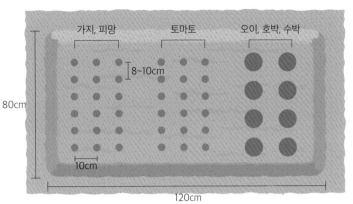

가지, 피망　토마토　오이, 호박, 수박

8~10cm

80cm

10cm

120cm

관리하기 쉽도록, 이랑을 80cm 폭으로 만듭니다. 20~30평 정도의 텃밭이라면 길이가 120cm만 되어도 충분합니다. 가짓과 채소는 점뿌리기하고, 박과 채소는 화분 묻기로 씨를 심습니다.

3월 중순에 씨를 뿌린다

토마토

토마토는 가지, 피망과 동시에 씨를 뿌리거나 보름 정도 늦게 뿌립니다. 마찬가지로 씨를 뿌리고 나서 부직포나 투명 비닐을 덮어 발아를 촉진하고, 발아한 뒤에 걷습니다. 육묘 기간은 약 60일입니다.

3월 초순에 씨를 뿌린다

가지, 피망

천천히 크는 채소인 가지와 피망은 3월 초순에 씨를 뿌립니다. 부직포나 투명 비닐을 덮어서 발아를 촉진합니다. 육묘 기간인 파종 후 60일이 지난 5월 중순에 접어들 무렵 모종을 파서 아주 심기합니다.

하지만 물, 온도, 햇볕 등을 적절하게 관리해 주지 않으면 모종이 웃자랄 수 있습니다. 그러므로 209쪽 그림처럼 밭에 작은 이랑을 만들고 씨를 직접 뿌려 모종을 키우는 방법을 추천합니다.

여름 채소에게 3월은 기온이 낮고 땅도 차가운 계절입니다. 채소를 키우는 미생물의 활성도 낮습니다. 그러므로 비닐과 부직포를 이용하여 모종을 확실히 보온해야 합니다. 뿌리가 땅속 수분을 흡수할 테니 물을 줄 필요는 없습니다. 자연에 맡겨 두어도 모종은 튼튼하게 자랄 것입니다.

그러니 해가 잘 드는 곳에 미니 이랑을 만들어 좋아하는 채소의 씨앗을 뿌려 봅시다.

파종 자리의 토질 개선을 위해서는 197쪽에서 소개한 발효 부엽토를 사용하면 됩니다.

파종할 자리에 미리 발효 부엽토를 섞어 둔다

씨 뿌리기 한 달 전부터 미니 이랑의 토질을 개선한다

씨 뿌리기 한 달 전에 미니 이랑을 준비합니다.

미니 이랑은 다른 채소를 키우는 데 방해가 되지 않도록 밭 한구석에 만드는 것이 좋습니다. 그래도 건강한 모종을 만들려면 해가 잘 드는 곳, 배수가 잘되는 곳을 골라야 합니다.

또 미니 이랑은 흙이 약간 말라 있을 때 만듭시다. 비가 오고 나서 흙이 질퍽해진 날은 피하는 게 좋습니다. 만드는 방법은 211쪽의 사진을 참고하세요.

이랑 높이는 배수가 잘되는 밭이라면 5cm 정도, 점토질의 무거운 흙이라면 10cm 정도가 적당합니다. 어쨌든 큰비가 와도 떠내려갈 염려가 없어야 합니다.

흙을 쌓아 이랑을 세운 다음에는 표층 1m²당 3L의 발효 부엽토(197쪽)를 섞습니다. 모래질 밭이라면 20% 늘리고 점토질 밭이라면 20% 줄이는 식으로 양을 조절하면 됩니다.

❶ 발효 부엽토의 양은 1m²당 3L입니다.
❷ 미니 이랑의 표면에 발효 부엽토를 뿌리
고 괭이로 약 10cm까지의 겉흙에 잘 섞어
줍니다. ❸ 미니 이랑의 표면을 고르게 손
질한 뒤에 발로 밟아 단단하게 다집니다.
마지막으로 100배 희석한 목초액을 뿌리
고 짚과 풀을 깔아 둡니다. 그러면 채소를
키우는 미생물이 활동을 시작합니다.

마지막으로 이랑 표면을 다지고 물로 100배 희석한 양조 식초를
뿌립니다.

씨를 뿌리고 꾹꾹 눌러서 발아를 촉진한다

터널을 설치하여 땅을 데운 후 씨를 뿌린다

미니 이랑을 세우자마자 보온용 터널을 설치합니다.

지지대를 꽂고 작은 구멍 뚫린 비닐을 덮은 다음 그 위에 다시 부

가짓과

씨를 뿌리고 발로 밟는다

가지, 피망, 토마토를 심을 때는 10cm 간격으로 뿌림골을 파고 씨를 4~5cm마다 하나씩 떨어뜨린 다음 흙을 덮고 발로 밟습니다. 본잎이 나오면 솎아 내어 포기 간격을 벌립니다.

박과

모종 화분에 씨를 뿌린다

박과 채소를 심을 때는 모종 화분을 먼저 묻고 그 안에 씨를 하나씩 뿌린 다음 손으로 꾹꾹 눌러 줍니다. 화분에 들어갈 육묘 흙(상토)에 대해서는 219쪽에서 설명하겠습니다.

직포를 덮습니다. 이렇게 하면 흙이 햇볕으로 데워져 미생물이 활발해집니다. 그 상태에서 씨를 뿌립니다.

가지, 피망, 토마토는 미니 이랑에 씨를 직접 뿌립니다. 줄뿌리기한 다음 솎아 내어 포기 간격을 8~10cm, 줄 간격을 10cm로 벌립니다.

씨가 싹을 틔우려면 일정한 온도와 수분이 필요합니다. 그러므로 씨를 뿌리고 흙을 덮은 뒤에 발로 밟아서 씨앗과 흙을 밀착시켜야 합니다. 물을 줄 필요는 없습니다. 싹이 틀 때까지 비닐을 덮어 두었다가 싹이 트면 비닐을 걷는 것도 괜찮습니다.

오이나 호박 등 박과 채소의 경우 모종 화분을 먼저 묻고 그 안에 씨를 뿌리는데, 이때도 씨를 뿌린 다음 꾹꾹 눌러 주어야 합니다. 단, 발로 밟지 않고 손으로 꾹꾹 누릅니다.

구멍 뚫린 비닐*과 모기장으로 보온하여
모종을 기른다

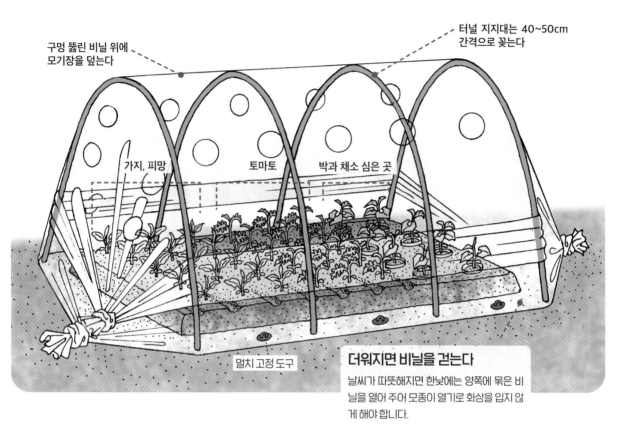

구멍 뚫린 비닐 위에
모기장을 덮는다

터널 지지대는 40~50cm
간격으로 꽂는다

가지, 피망

토마토

박과 채소 심은 곳

멀치 고정 도구

더워지면 비닐을 걷는다

날씨가 따뜻해지면 한낮에는 양쪽에 묶은 비
닐을 열어 주어 모종이 열기로 화상을 입지 않
게 해야 합니다.

5월 중순에 아주 심기한다

날씨가 완전히 따뜻해지면 비닐을 걷어 바깥 기온에 적응시킨 후 아주
심기한다

미니 이랑에서 모종을 기를 때는 물을 주지 않아도 됩니다. 모종이 뿌
리를 내려 수분을 땅에서 흡수하며 자라기 때문입니다.

　3월 하순에서 4월 사이에 기온이 높아지면 구멍 뚫린 비닐을 양쪽
에서 조금씩 걷어 올려 바람을 넣어 줍니다. 터널 안이 너무 더워지면
안 되기 때문입니다. 모기장은 바람이 통하므로 해충을 막기 위해 그
대로 덮어 둡니다.

　육묘 기간은 가지, 피망, 토마토 등 가짓과가 약 60일, 오이, 수박,

◆ 파종 시 비닐 터널에 구멍
을 뚫을지 여부는 지역별 기
후를 고려하여 결정한다.

❶ 아주 심기를 앞둔 토마토 모종입니다. 여름 채소의 모종은 아주 심기 일주일 전부터 날이 좋을 때마다 부직포를 개방하여 외부 기온에 적응시켜야 합니다. ❷ 아주 심기하기 전에 모종을 캡니다. 가지와 피망 모종은 모종삽을 포기 사이에 찌르고 뿌리분을 블록 모양으로 잘라서 캡니다. 토마토는 손으로 쑥 뽑습니다. 캐거나 뽑은 것을 트레이에 담아 옮겨서 심습니다. ❸ 박과 채소는 화분째 파내서 화분을 제거하고 심습니다.

호박은 약 30일입니다.

4월 중순부터는 비닐을 걷고 모기장만 남겨 두어도 됩니다. 아주 심기 일주일 전부터는 낮에 모기장까지 개방하여 모종을 외부 기온에 적응시킵니다.

5월 중순에 들어서면 모종을 캐서 밭에 옮겨 심습니다. 아주 심기는 맑게 개고 바람 없는 날 오전에 실시하는 것이 가장 좋습니다.

화분에 씨 뿌려 키우기

앞마당이나 베란다에서도 쉽게 모종을 키우는 법

모종 화분에서 튼튼한 모종을 키운다

모종 화분을 이용해서 모종을 만드는 방법을 소개하겠습니다. 이것은 텃밭에서 소량의 모종을 키울 때 적합한 방법입니다.

참고로 208쪽에서 소개한 미니 이랑을 이용하는 방법은 밭과 집이 멀리 떨어져 있는 사람에게는 약간 어려울 수 있습니다. 온도 관리나 해충 예방을 위해 아침저녁으로 들여다보아야 하기 때문입니다.

그러나 화분을 이용하는 방법은 자택의 베란다나 앞마당에서도

1 흙을 일주일 동안 화분에 담아 둔다

❶ 화분 바닥의 구멍에는 작은 돌이나 흙덩어리를 놓아 흙이 흘러내리지 않게 합니다. ❷ 육묘 흙 (223쪽 참고)을 담고 손으로 화분을 통통 두드려 줍니다. 흙을 80%까지 채웁니다. ❸ 트레이에 화분을 놓고 신문지를 덮습니다. ❹ 비닐로 트레이 전체를 이중으로 감싸 해가 잘 드는 곳에 일주일간 놓아둡니다.

손쉽게 실천할 수 있습니다.

　일단은 씨를 뿌리기 전에 흙을 먼저 화분에 담아 둡니다. 육묘 흙을 화분에 담고 215쪽의 사진처럼 신문지와 비닐로 싸서 일주일쯤 두는 것입니다. 그러면 흙의 온도가 높아지고 흙 속 미생물이 활성화되어 모종을 키우기 좋은 환경이 만들어집니다. 화분에 담을 육묘 흙은 밭 흙과 발효 부엽토 등을 섞어 만드는데, 자세한 내용은 223쪽에서 소개하겠습니다. 이 흙에 씨를 뿌리면 싹이 잘 트고 그 싹을 키운 모종을 밭에 아주 심기하면 뿌리를 쉽게 내립니다.

　씨를 뿌린 다음에 물을 듬뿍 주고 신문지와 비닐로 싸 두는 것도 중요합니다. 싹이 틀 때까지는 물을 다시 주지 않습니다. 비닐로 싸 둔 덕분에 흙이 잘 마르지 않아 건강한 싹이 틀 테니 걱정하지 않아도 됩니다.

2 씨를 뿌린 다음 꾹꾹 누른다

흙을 화분에 담은 일주일 후에 씨를 뿌립니다. 손가락으로 구멍을 내 씨를 넣고 흙을 덮은 다음 손으로 꾹꾹 누릅니다. 제대로 누르지 않아 흙이 들뜨면 왼쪽 사진처럼 씨가 껍질을 흙 속에서 완전히 벗지 못하고 껍질을 붙인 채 발아합니다. 떡잎이 확 벌어질 수 있도록 힘을 실어 누릅시다.

3 싹이 틀 때까지 흙을 촉촉하게 유지한다

씨를 뿌린 다음 화분 바닥으로 물이 흘러나올 정도로 물을 흠뻑 줍니다. 신문지를 씌우고 비닐로 트레이 전체를 이중으로 감쌉니다. 이 상태로 낮에는 따뜻한 곳에, 밤에는 실내에 두고 싹이 트기를 기다립니다.

4 여름 채소는 해가 잘 드는 곳에서 키운다

때때로 신문지를 걷어 상태를 확인하고 싹이 텄다면 화분을 다른 곳으로 옮깁니다. 이때부터는 투명 뚜껑이 있는 플라스틱 의류함이나 간이 온실을 이용합니다.

이것이 생태농법 이다!

가짓과 채소는 씨의 방향을 통일하여 심고 박과 채소는 심은 후 손가락으로 누른다

되도록 조건을 통일하여 한꺼번에 싹을 틔우게 한다

씨를 뿌릴 때는 씨앗의 방향과 묻는 깊이를 통일합니다. 가짓과 채소의 씨앗을 잘 보면 약간 움푹 들어간 배꼽이 있습니다. 씨를 여러 개 심을 때는 이 배꼽의 방향을 맞춥니다. 그렇게 하면 같은 방향으로 떡잎이 나므로 잎이 서로 겹치지 않습니다.

박과 채소의 씨앗은 납작하게 옆으로 눕히고 손가락으로 흙 속에 밀어 넣은 뒤 흙을 덮고 누릅니다. 손가락 첫째 마디까지 밀어 넣겠다는 식으로 깊이를 정해 두면 어떤 씨앗이든 같은 깊이로 묻어서 같은 시점에 싹을 틔우게 만들 수 있습니다. 싹 틀 때부터 편차가 커지지 않도록, 가능한 한 같은 조건으로 씨앗을 심는 것이 중요합니다.

가지, 토마토, 피망 씨앗은 지름 9~12cm짜리 화분에 방향을 맞춰 두 개씩 심습니다. 떡잎이 서로 겹치면 곰팡이가 피는 등 의외의 문제가 생길 수 있습니다.

오이는 지름 9cm짜리, 호박과 수박은 지름 12~15cm짜리 화분에 한 개씩 심습니다. 손가락으로 밀어 넣으면 비슷한 깊이로 묻을 수 있고 흙과 씨가 밀착하므로 고르게 싹이 틉니다.

5 옮겨 심을 때가 가까워지면 바깥 공기에 적응시킨다

모종이 자라면 잎끼리 서로 부딪히지 않도록 화분을 서로 떼어 놓습니다. 아주 심기 일주일 전부터
는 낮에 바깥바람을 쐬게 하여 환경에 적응시킵니다. 아주 심기 전 이틀 동안은 물을 주지 않다가 옮
겨심기 직전에 물로 300배 희석한 식초나 목초액을 세숫대야에 넣고 화분 바닥을 통해 흡수시킵니
다. 물을 밑에서 빨아들여야 한다는 사실을 모종에게 가르치는 것입니다.

약간 건조한 상태로 키워 웃자람을 방지한다

여름 채소의 모종은 싹이 튼 후 따뜻한 환경에서 키워야 합니다. 주변
온도가 10~25도를 유지하도록 합니다.

　뚜껑 달린 가정용 플라스틱 의류함을 온실 대용으로 쓸 수 있습니
다. 의류함 안에 모종 화분을 넣어 낮에는 해가 잘 드는 곳에 두었다
가 기온이 내려가는 밤에는 실내로 옮깁니다. 시판용 간이 온실을 이
용할 때도 밤에는 낡은 담요 등으로 덮어 냉해를 예방해야 합니다.

　그런 한편 시간이 흘러 날이 더워지면 더위를 조심해야 합니다. 플
라스틱 함의 뚜껑을 살짝 열어 바람을 넣어 주고 간이 온실의 커버를
조금씩 열어서 모종이 물러지지 않도록 합니다.

물은 아침에 줍니다. 물을 너무 많이 주면 모종이 웃자라니 조금 건조한 느낌으로 키우는 것이 좋습니다. 거름은 전혀 주지 않습니다. 거름을 주면 뿌리가 약해져 밭에 심은 뒤에도 거름 없이는 자라지 못하게 됩니다.

이것이 생태농법 이다!

박과 채소의 모종을 키우는 기술 – 흙에 왕겨 훈탄을 섞어 배수를 돕는다

육묘 흙에 10%의 왕겨 훈탄을 섞는다

오이, 호박, 수박, 주키니 등 박과 채소의 모종을 키울 때는 흙의 배수성이 특히 중요합니다.

그러므로 223쪽에서 소개할 생태농법식 육묘 흙에 왕겨 훈탄을 10% 정도 추가하여 박과에 적합한 육묘 흙을 만들어 봅시다.

그러면 흙에 적당한 틈이 생겨 배수와 통기성이 좋아집니다. 왕겨 훈탄이 없으면 버미큘라이트*를 이용해도 됩니다.

왕겨 훈탄을 섞은 뒤에는 배수가 충분히 잘 되는지 시험해 봅시다. 화분에 육묘 흙을 채우고 물을 부었을 때 싹 스며든다면 합격입니다. 그렇지 않다면 왕겨 훈탄을 더 추가해야 합니다.

208쪽에서, 박과 채소의 모종을 키울 때 화분을 미리 이랑에 묻는 것이 좋다고 말했는데, 이때도 화분에 왕겨 훈탄이 포함된 육묘 흙을 넣도록 합시다.

미니 이랑 자체가 육묘에 적합한 흙으로 만들어졌으므로 미니 이랑의 흙에 왕겨 훈탄을 섞고 그것을 화분에 넣어 묻은 후 씨를 뿌려도 괜찮습니다. 흙을 파서 화분에 담은 후, 흙을 파서 생긴 구멍에 그 화분을 넣고 틈을 메우면 됩니다.

생태농법식 육묘 흙(223쪽 참고)에 왕겨 훈탄을 섞어 박과 채소용 육묘 흙을 만듭니다.

◆ 질석, 흑운모의 풍화 변성암. 잘게 바수어 원예용 인공 모래로 쓰인다. 인터넷으로 소량도 구매 가능하다.

포인트 추동 채소의 모종을 키우려면 햇볕을 차단하고 곤충을 퇴치해야 한다

추동 채소의 육묘는 아직 더울 때 시작된다

추동에 수확할 배추, 양배추, 브로콜리를 키우려면 8월 하순에 씨를 뿌려야 합니다.

전부 쌀쌀한 날씨를 좋아하는 채소들인데도 아직 더운 계절에 씨를 뿌리는 것입니다. 이때는 곤충이 활발하게 활동하는 시기이기도 해서 채소가 병충해를 당할 위험 또한 높습니다.

그래서 이 채소들은 모종 화분에 씨를 뿌려서 시원한 환경에서 키우다가 밭에 옮겨 심는 것이 좋습니다.

빛을 30%쯤 차단하는 차광 그물과 한랭사를 이용하여 강한 햇볕을 차단하고 곤충의 침입을 막아 주어야 모종이 건강하게 자랄 수 있습니다.

오른쪽 사진은 화분을 이용하여 추동 채소의 모종을 만드는 모습입니다.

한편 양배추, 브로콜리는 옮겨심기에 강하고 뿌리가 잘려도 재생이 잘 되므로 밭에 씨를 직접 뿌려 모종을 키울 수 있습니다. 양상추 역시 옮겨심기에 강한 채소입니다. 또한 여름 채소의 모종을 키운 미니 이랑을 그대로 쓰면서 터널 덮개를 차광 그물이나 한랭사로 교체하기만 해도 시원한 환경을 만들 수 있으니 추동 채소의 씨를 미니 이랑에 직접 뿌려 키워 봅시다.

❶ 시판되는 간이 온실의 비닐을 차광 그물로 교체하여 추동 채소 모종을 키우는 모습입니다. ❷ 발을 쳐서 강한 햇빛을 차단하고 곤충도 피하고 있습니다. ❸ 방충망 터널 안에 모종을 두고 햇볕이 강한 시간에는 차광 그물을 덮어 줍니다.

봄에 보온하며 모종을 만들고 초여름에 양배추를 키운다

양배추나 브로콜리 등 쌀쌀한 기후를 좋아하는 채소는 봄에 씨를 뿌려서 모종을 키웁니다.

이때는 꽃대가 웃자라지 않는 품종을 골라야 합니다. 또 모종이 추위에 노출되지 않도록 간이 온실이나 미니 이랑에서 보온하는 것이 중요합니다. 모종이 어느 정도 크기가 되면 밭에 옮겨 심어 키워서 초여름에 수확합니다.

브로콜리, 양배추, 양상추 모종을 화분에서 기릅니다.
씨 뿌리기, 물 주기 요령은 216~217쪽과 동일합니다.

배추

- 모종 화분 : 지름 6cm
- 한곳에 뿌릴 씨 개수 : 세 개
- 솎기 : 본잎 한 장일 때 두 포기로 줄임
- 아주 심기 : 본잎 서너 장일 때
- 육묘 일수 : 약 30일

생육에 적당한 온도는 약 20도입니다. 봄에는 보온하고 여름에는 시원한 환경을 유지하며 모종을 키웁니다. 일반적으로는 한 화분에 하나의 모종만 키우지만 제가 추천하는 것은 두 포기를 남겨서 아주 심기하는 '두 포기 심기'입니다. 배추는 곤충에 병충해를 당하기 쉬우므로 두 포기를 남겨 위험을 분산시키려는 것입니다. 본잎 서너 개일 때 아주 심기하고, 모종이 뿌리를 잘 내려 본잎이 네댓 장 나오면 가위로 솎아 내어 한 포기만 남깁니다.

양배추

- 모종 화분 : 지름 9cm
- 한곳에 뿌릴 씨 개수 : 세 개
- 솎기 : 없음
- 아주 심기 : 본잎 서너 장일 때
- 육묘 일수 : 약 30일

양배추, 브로콜리는 15~30도에서 싹을 틔우며 15~20도에서 잘 자랍니다. 그러므로 봄에는 보온해 주고 여름에는 시원하게 해 줍니다. 한 화분에 한 포기씩 키우는 것이 일반적이지만 제가 추천하는 방식은 씨를 세 개까지 뿌려 본잎이 서너 장 날 때까지 그대로 키웠다가 아주 심기 전에 뿌리분을 부수어 따로 심는 것입니다. 뿌리의 재생력이 강한 채소에만 쓸 수 있는 방식입니다.

토마토

- 모종 화분 : 지름 9cm
- 한곳에 뿌릴 씨 개수 : 두 개
- 솎기 : 본잎 한 장일 때 한 포기로 줄임
- 아주 심기 : 본잎 대여섯 장일 때
- 육묘 일수 : 약 60일

여름 채소지만 쌀쌀하고 건조한 안데스 고지대 출신이므로 고온 다습한 환경에 약합니다. 20~30도에서 싹을 틔우니 육묘 중 주변 온도가 25도를 넘지 않도록 하면서 약간 건조하게 키우면 튼튼하게 자랍니다. 본잎이 대여섯 장일 때 아주 심기합니다. 화분을 빽빽하게 배치하여 약간 웃자라게 만들어도 괜찮습니다. 눕혀 심기(69쪽 참고)를 추천합니다.

가지

- 모종 화분 : 지름 12cm
- 한곳에 뿌릴 씨 개수 : 두 개
- 솎기 : 본잎 한 장일 때 한 포기로 줄임
- 아주 심기 : 본잎 대여섯 장일 때
- 육묘 일수 : 약 60일

가지는 인도 동부의 열대 아시아 출신이므로 더운 날씨를 좋아합니다. 20~30도에서 싹이 트고 28~30도에서 잘 자라므로 모종을 키울 때 주변 온도가 15도 이하로 내려가지 않도록 보온에 신경 써야 합니다. 밤에 기온이 내려가도 냉해를 당하지 않도록 유의합니다. 약 60일간 길러 본잎 대여섯 장이 나오면 아주 심기합니다. 피망 모종도 가지와 비슷한 방법으로 키우면 됩니다.

양상추

● 모종 화분 : 지름 3cm
● 한곳에 뿌릴 씨 개수 : 두 개
● 솎기 : 본잎 한 장일 때 한 포기로 줄임
● 아주 심기 : 본잎 두세 장일 때
● 육묘 일수 : 약 25일

양상추는 작고 어린 모종을 옮겨 심어야 하므로
3cm짜리 화분이나 모종 트레이 포트에 씨를 뿌
립니다. 발아 적정 온도는 15~20도입니다. 봄
에는 보온에 유의하고, 여름에는 시원한 환경에
서 육묘합니다. 여름에 뿌리고 가을에 수확하려
면 씨를 냉장고에서 식혔다가 뿌립니다. 그러면
휴면에서 깨어나 쉽게 발아합니다. 본잎 두세
개가 날 때까지 길러서 아주 심기합니다.

수박

● 모종 화분 : 지름 12cm
● 한곳에 뿌릴 씨 개수 : 한 개
● 솎기 : 없음
● 아주 심기 : 본잎 네댓 장일 때
● 육묘 일수 : 약 30일

수박은 아프리카 사막 지역 출신이라 더운 날씨
를 특히 좋아합니다. 25~30도에서 싹이 트고
28~30도에서 잘 자라므로 모종을 키울 때 주변
온도가 15도 이하로 내려가지 않도록 보온해
줍니다. 약 30일간 키운 후 본잎이 네댓 장 난
어린 모종을 아주 심기합니다. 멜론 모종도 똑
같은 방법으로 키웁니다.

오이

● 모종 화분 : 지름 9cm
● 한곳에 뿌릴 씨 개수 : 두 개
● 솎기 : 본잎 한 장일 때 한 포기로 줄임
● 아주 심기 : 본잎 네댓 장일 때
● 육묘 일수 : 약 30일

오이는 히말라야산맥 출신이라 쌀쌀한 날씨를
좋아하지만, 싹은 25~30도에서 틉니다. 아주
심기 약 한 달 전에 화분에 씨를 두 개씩 뿌리고
본잎 한 장이 나오면 솎아 내 한 포기로 줄입니
다. 생육에 적합한 온도는 18~25도로 약간 낮
습니다. 그러므로 더운 날에는 환기하여 주변
온도를 내려 줍니다. 본잎이 네댓 장인 어린 모
종을 아주 심기합니다.

육묘 흙(상토) 만들기

발효 부엽토와 밭 흙을 섞는다

발아율을 높이고 모종을 건강하게 키우는 흙

시중에서도 상토를 구입할 수 있지만, 직접 생태농법식으로 만드는 것도 아주 쉽습니다.

준비물은 발효 부엽토(197쪽 참고)와 밭 흙이며, 2단계 과정입니다.

일단은 발효 부엽토와 밭 흙을 3 : 7로 섞습니다(부피 기준). 이것을 비닐봉지에 넣고 밀폐하여 비를 맞지 않는 곳에 1년간 놓아둡니다. 이

육묘 흙 만들기

❶ 밭 흙과 발효 부엽토를 3:7로 섞어 '바탕'을 만듭니다. 저는 발효 부엽토 600cc, 밭 흙 1,400cc 를 섞어 2L를 만들었습니다. ❷ 비닐봉지에 넣고 밀봉하여 1년간 놓아둡니다. ❸ 1년 전에 만든 '바탕' 2L와 밭 흙 5L를 섞어 육묘 흙을 만듭니다. ❹ 육묘 흙이 씨를 뿌리기 좋을 만큼 촉촉하므로 즉시 화분에 넣고 씨를 뿌립니다. 남은 육묘 흙은 마르지 않도록 비닐봉지에 밀봉하여 보관합니다.

것이 육묘 흙의 '바탕'이 됩니다.

 1년이 지나면 부엽토는 흔적도 없이 분해되어 일반 흙처럼 변합니다. 이 '바탕'에 밭 흙을 섞으면 육묘 흙이 됩니다. 이때도 '바탕'과 밭 흙을 3 : 7로 섞습니다.

 '바탕'이든 육묘 흙이든 재료로 쓸 밭 흙에는 비료 성분이 없어야 합니다. 그러므로 경반층 밑의 흙을 파서 쓰는 것이 좋습니다.

 한번 만든 '바탕'은 다 써 버리지 말고 보관했다가 다음번에 다시 이용하는 것이 좋습니다. '바탕'이 오래될수록 발아율 높은 육묘 흙을 만들 수 있기 때문입니다.

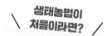

생태농법이
처음이라면?

한 달 안에 속성으로 완성하는 육묘 흙

생태농법을 처음 시도하는 경우에는 1년 된 '바탕'이 없을 테니 다른 방법으로 육묘 흙을 만들어 봅시다.
준비물은 부엽토와 밭 흙, 깻묵, 쌀겨입니다. 이 재료들을 부피 기준으로 2 : 5 : 0.2 : 0.2 비율로 준비하고 초목탄도 약간 준비합니다. 전부 잘 섞어 비닐봉지에 넣어 밀봉하고 한 달 동안 비를 맞지 않는 곳에 놓아둡니다. 이것이 '바탕'이 됩니다.
한 달 후 '바탕'과 밭 흙을 3:7로 섞으면 육묘 흙이 완성됩니다. 마찬가지로, 남은 '바탕'은 비닐봉지에 밀봉하여 보관합니다.

밭 흙으로는 비료 성분이 없는 심층의 흙을 사용합니다. 완성된 육묘 흙은 토마토, 가지, 피망 등 모든 채소에 쓸 수 있습니다. 단, 박과 채소의 모종을 키우려면 여기에 왕겨 훈탄을 약 10% 추가합니다(219쪽 참고).

채소 재배 일람표

이 일람표의 심는 시기와 수확 시기는 일본 중부지방을 기준으로 했습니다.
우리나라의 시기에 대해서는 해당 지자체 '농업 기술 센터' 홈페이지 등을 참고하십시오.

채소 이름	과	씨 또는 모종 심는 시기		수확 시기	원산지	소개 페이지
가지	가짓과	모종	4월 하순~ 5월 초순	7월 중순~	인도 동부 열대	75
감자(봄)	가짓과	씨감자	2월 하순~ 3월 초순	6월 초순~	남미 안데스 고지대	141
감자(가을)	가짓과	씨감자	8월 하순~ 9월 초순	11월 중순~	남미 안데스 고지대	136
경수채	십자화과	씨	봄: 3월 하순~, 가을: 8월 중순~	봄: 5월 중순~, 가을: 10월 하순~	지중해 연안	173
고구마	메꽃과	모종 (덩굴)	6월 초순~ 7월 중순	9월 하순~	중남미 건조 지대	113
누에콩	콩과	씨	11월 중순~	이듬해 5월 초순~	북아프리카	181
당근(여름)	미나리과	씨	7월 중순~ 8월 중순	11월 중순~	아프가니스탄 주변	142
덩굴강낭콩	콩과	씨	7월 중순~ 8월 중순	9월 하순~	중남미	133
딸기	장미과	모종	10월 중순~ 11월 하순	이듬해 4월 중순~	남아프리카	194
땅오이	박과	모종	7월 중순~ 8월 중순	8월 중순~	인도 히말라야산맥	93
땅콩	콩과	씨	4월 하순 ~ 5월 초순	10월 중순~	남미 안데스산맥 동부	122
마늘	백합과	종구 또는 쪽마늘	9월 중순~	이듬해 5월 중순 ~	중앙아시아	187
무	십자화과	씨	봄: 3월 하순~, 가을: 9월 초순~	봄: 6월 초순~, 가을: 11월 하순~	지중해 연안	164
방울토마토	가짓과	모종	4월 하순~ 5월 초순	7월 초순~	남미 안데스 고지대	68
배추	십자화과	모종	봄: 3월 하순~, 가을: 8월 중순~	봄: 6월 초순~, 가을: 12월 초순~	서아시아	148
브로콜리	십자화과	모종	봄: 3월 하순~, 가을: 8월 중순~	봄: 6월 초순~, 가을: 12월 초순~	지중해 연안	154

채소 이름	과	씨 또는 모종 심는 시기		수확 시기	원산지	소개 페이지
샬롯(염교)	백합과	종구	8월 중순~ 10월 중순	이듬해 6월 초순~	중국	192
소송채	십자화과	씨	봄: 3월 하순~, 가을: 8월 중순~	봄: 5월 중순~, 가을: 10월 하순~	지중해 연안	173
수박	박과	모종	4월 하순~ 5월 초순	8월 초순~	아프리카 사막 주변	102
순무	십자화과	씨	봄: 3월 하순~, 가을: 8월 중순~	봄: 5월 중순~, 가을: 10월 하순~	지중해 연안	173
시금치	명아줏과	씨	봄: 3월 하순~, 가을: 9월 초순~	봄: 5월 중순~, 가을: 11월 중순~	아프가니스탄 주변	169
양배추	십자화과	모종	봄: 3월 하순~, 가을: 8월 중순~	봄: 6월 초순~, 가을: 12월 초순~	지중해 연안	154
양상추	국화과	씨	봄: 3월 하순~, 가을: 9월 초순~	봄: 5월 중순~, 가을: 12월 초순~	지중해 연안	160
양파	백합과	모종	11월 초순~ 11월 하순	이듬해 5월 중순~	중앙아시아	190
오이	박과	모종	4월 하순~ 5월 초순	6월 중순~	인도 히말라야산맥	86
오크라	아욱과	씨	5월 중순~ 6월 초순	7월 하순~	아프리카 북동부	109
옥수수(가을)	볏과	씨 또는 모종	7월 초순~ 7월 하순	10월 초순~	중미 건조 지대	124
완두콩	콩과	씨	11월 중순~	이듬해 4월 중순~	중앙아시아	184
우엉	국화과	씨	봄: 3월 하순~, 가을: 9월 초순~	봄: 9월 초순~, 가을: 이듬해 6월 초순~	유럽 북부	172
주키니	박과	모종	4월 하순~ 5월 초순	6월 중순~	중남미 사막 주변	107
토란	천남성과	씨토란	4월 하순~ 5월 초순	11월 초순~	열대 아시아	118
파	백합과	씨 또는 모종	봄: 3월 하순~, 가을: 9월 중순~	봄: 11월 중순~, 가을: 이듬해 7월 중순~	중국 서부	177
풋콩(가을)	콩과	씨	6월 하순~ 7월 중순	9월 하순~	중국	129
피망	가짓과	모종	4월 하순~ 5월 초순	7월 초순~	중남미 건조 지대	82
호박	박과	씨 또는 모종	4월 하순~ 5월 초순	8월 초순~	중미 건조 지대	98

생태농법으로
텃밭 가꾸기

미우라 노부아키 **감수**
노경아 **옮김**

2023년 11월 10일 초판 인쇄
2023년 11월 15일 초판 발행

ISBN 979-11-90855-42-6
값 18,000원

펴낸이 조승식
펴낸곳 돌배나무
등록 제2019-000003호
주소 01043 서울시 강북구 한천로 153길 17
전화 02-994-0071
팩스 02-994-0073
블로그 blog.naver.com/booksgogo
이메일 bookshill@bookshill.com

* 이 도서는 돌배나무에서 출판된 책으로 북스힐에서 공급합니다.
* 잘못된 책은 구입하신 서점에서 교환해 드립니다.